स्थानीय किस्मों के साथ बागवानी

जैव विविधता, पार परागण, और योग्यतम की उत्तरजीविता के माध्यम से खाद्य सुरक्षा के लिए पर्माकल्चर गाइड

बारे में लोग क्या कह रहे हैं केस्थानीय किस्मों के साथ बागवानी

"इस प्रक्रिया को सिर्फ एक साल में काम करना शुरू करना बहुत अच्छा है।" जोश जैमिसन, हार्ट विलेज

"गंभीर मौसम का मिजाज हमारी फसलों और बगीचों को प्रभावित करता है, लेकिन जोसेफ की किताब हमें सरल शब्दों में बताती है कि कैसे अपने पसंदीदा खाद्य पौधों में लचीलापन पैदा किया जाए। इन पृष्ठों में, वह आपके स्वयं के बीज प्रजनक बनने के चरणों की व्याख्या करता है और सबसे आसान फसलों को शुरू करने पर प्रकाश डालता है। उनका शानदार प्रजनन कार्य, संक्षेप में लेकिन स्पष्ट रूप से यहां पर कब्जा कर लिया गया है, हमें इस पर अपना हाथ आजमाने और जो कुछ भी सामने आएगा उसके लिए प्यार भरा धैर्य रखने के लिए प्रेरित करता है।" मेरला मैकलॉघलिन , संपादक

"जोसेफ की किताब मेरे जैसे नौसिखिया बीज बचतकर्ता के लिए एक आंख खोलने वाली है। मेरी बढ़ती परिस्थितियाँ जोसफ की तरह चरम पर नहीं हैं, लेकिन हमारे पास बहुत कम उगने वाला मौसम है। उन्होंने मुझे अपनी भूमि की फसलें पैदा करने की कोशिश शुरू करने के लिए प्रेरित किया है।" मेगन पामर

"प्रेरणादायक। सशक्त बनाना। बहुत जरूरी काम।" स्टेफ़नी जीनस

"इस पुस्तक में, जोसेफ हमारे लेक्सिकॉन इंस्टेंट, लाइट, डाइट, अनुशंसित दैनिक भत्ता, आधुनिक, विरासत, खुले परागित, हाइब्रिड को केवल एक बिखरने वाले शब्द के साथ हटा देता है: विशिष्ट। उसी शर्त के तहत उन्हें एक बार एक गिटार उपहार में दिया गया था, जोसेफ हमें तब तक बहुतायत प्रदान करते हैं जब तक हम इसके भीतर बजाना सीखते रहते हैं।" हेरॉन ब्रीन, फेडको सीड्स

स्थानीय किस्मों के साथ बागवानी

जैव विविधता, पार परागण, और योग्यतम की उत्तरजीविता के माध्यम से खाद्य सुरक्षा के लिए पर्माकल्चर गाइड

जोसेफ लॉफ्ट-हाउस

बीज की स्थानीय किस्मों के रक्षक

शांति मंत्रालय के पिता द्वारा प्रकाशित,
पैराडाइज, यूटा, संयुक्त राज्य अमेरिका

लेखक से संपर्क करें या https://Lofthouse.com पर उसकी मेलिंग सूची में शामिल हों.

कृपया अपनी पसंदीदा खरीदारी या सोशल मीडिया साइटों पर समीक्षाएं पोस्ट करें।

अंग्रेजी संस्करण: Landrace Gardening, आईएसबीएन 9780578245652
हिंदी संस्करण: स्थानीय किस्मों के साथ बागवानी, आईएसबीएन 9781737325048

Published by Father of Peace Ministry,
Paradise, Utah, United States of America

Contact the author or join his mailing list at https://Lofthouse.com
Please post reviews to your favorite shopping or social media sites.

English version: Landrace Gardening, ISBN 9780578245652
Hindi version: स्थानीय किस्मों के साथ बागवानी, ISBN 9781737325048

तस्वीरें धन्यवाद: मकई की जड़, कीट (विवि लोगान)। ओग्डेन सीड एक्सचेंज (ग्रेग बैट)। मशरूम, स्क्वैश, स्क्वैश फूल (डॉन एंडरसन)। अंग्रेजी भाषा की संपादक मेरला मैकलॉघलिन

उन लाखों स्वतंत्र बीज-
पालकों को समर्पित,
जिन्होंने अब मेरे द्वारा उगाई
जाने वाली प्रजातियों को
पालतू बनाने में हजारों साल
बिताए हैं।

शब्दावली

आम बीन: मैं अक्सर "सामान्य" शामिल करता हूं जब सेम के बारे में बात करते हुए प्रजातियों को निर्दिष्ट करने के लिए फेजोलस वल्गरिस, जो कि पिंटो, किडनी और महान उत्तरी जैसे सेम हैं।

क्रॉस-परागण: तब होता है जब एक मदर प्लांट को ऐसे पौधे से पराग प्राप्त होता है जो निकट से संबंधित नहीं है।

हिरलूम: एक किस्म जो 50 से अधिक वर्षों से खुले परागण के अधीन है।

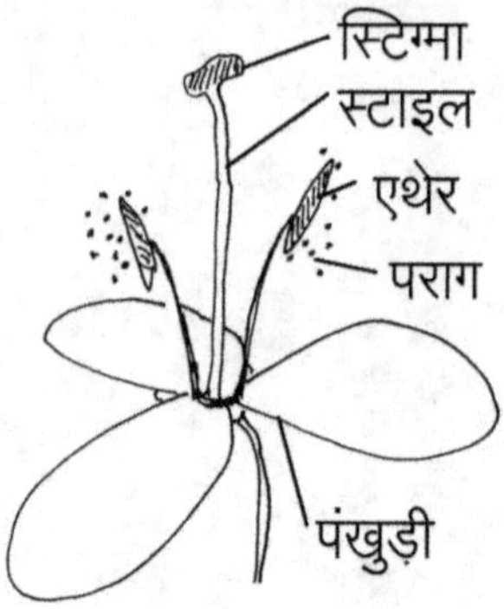

एक फूल के हिस्से

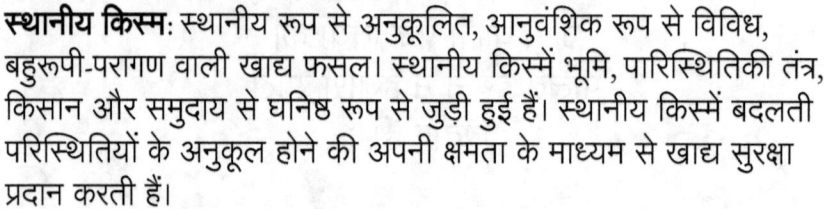

इनब्रीडिंग डिप्रेशन: पौधों के अत्यधिक अंतर्वर्धित होने पर होने वाली शक्ति के नुकसान का वर्णन करता है।

अंतर-परागण-परागण का: परपर्यायवाची।

स्थानीय किस्म: स्थानीय रूप से अनुकूलित, आनुवंशिक रूप से विविध, बहुरूपी-परागण वाली खाद्य फसल। स्थानीय किस्में भूमि, पारिस्थितिकी तंत्र, किसान और समुदाय से घनिष्ठ रूप से जुड़ी हुई हैं। स्थानीय किस्में बदलती परिस्थितियों के अनुकूल होने की अपनी क्षमता के माध्यम से खाद्य सुरक्षा प्रदान करती हैं।

नर रोगाणुहीन: एक पौधा जो पराग का उत्पादन नहीं करता है। पंख अक्सर गायब या विकृत होते हैं। नर फूल पूरी तरह से अनुपस्थित हो सकते हैं।

खुला परागण: पौधों की किस्मों को शुद्ध रखने के लिए पृथक और अंतर्प्रजनन की प्रथा। यह सुनिश्चित करता है कि वे साल-दर-साल स्थिर रहें। तीव्र अंतःप्रजनन खुले परागण वाली फसलों की बढ़ती परिस्थितियों में परिवर्तन के अनुकूल होने की क्षमता को सीमित करता है।

फेनोटाइप: किसी पौधे या जानवर के देखे गए या मापे गए लक्षण। फेनोटाइप आनुवंशिक मेकअप और पर्यावरणीय परिस्थितियों से प्रभावित होता है।

विशिष्ट परागणपरपरागण:को प्रोत्साहित करने की प्रथा। बीज की बचत के लक्ष्य आनुवंशिक विविधता और स्थानीय अनुकूलन हैं, न कि फेनोटाइप की स्थिरता।

आत्म-परागण:एक संयंत्र या आबादी है कि स्वयं परागण वर्णन करता है।

स्व-असंगत: एक ऐसे पौधे का वर्णन करता है जो स्व-परागण करने में सक्षम नहीं है। स्व-असंगत पौधे 100% आउटक्रॉसिंग हैं।

विषयसूची

Joseph Lofthouse,
Paradise, Cache Valley, Rocky Mountains

आभार

पिता सूर्य और माँ गैया मुझे जीवन और भोजन प्रदान करते हैं। मैं पौधों, जानवरों और प्राकृतिक दुनिया के साथ सचेत संबंधों में रहने के लिए आभारी हूं।

लाखों बीज बचाने वाले, जिन्होंने न तो पढ़ा और न ही लिखा, मेरे द्वारा उगाए गए पौधों को पालतू बनाया। मैं स्वीकार करता हूं कि मेरा प्रजनन पहले से मौजूद आनुवंशिकी पर एक छोटा सा बदलाव है।

मेरे माता–पिता और दादा–दादी ने मुझे प्राकृतिक दुनिया और उसमें मेरे स्थान की खेती और सम्मान करना सिखाया। मैं अपने पूर्वजों का आभारी हूं, जो पृथ्वी और जीवन, विकास और मृत्यु के प्राकृतिक चक्रों के करीब रहे। मैं इस बात की सराहना करता हूं कि मेरे परिवार ने हमारे बगीचों में उगाए गए भोजन को खाने के लिए चुना है, पास के जंगल से काटा है, या स्थानीय रूप से जैविक किसानों द्वारा उत्पादित किया गया है।

मैं उन व्यक्तियों, संगठनों और मंचों का आभारी हूं जिन्होंने मुझे इस पुस्तक का अंग्रेजी संस्करण लिखने में मदद की। एक और पूरी सूची अंग्रेजी संस्करण में मिल सकती है।

मेरे शब्दों और विदेशी भाषा संस्करण में गलतियों के साथ आपके धैर्य के लिए धन्यवाद।

एम्बर ने मेरे बगीचे में बाकी सभी लोगों की तुलना में अधिक मदद की। कृषि, समुदाय और खाद्य प्रणालियों के बारे में उनके साथ मेरी बातचीत ने मेरे जीवन के पाठ्यक्रम को गहराई से प्रभावित किया। मैं गैर–कृषि प्रयासों में अपनी वृद्धि और विकास का श्रेय एम्बर के प्रभाव को देता हूं। उसने मुझे एक गिटार दिया और मुझसे कहा कि अगर वह इसे बजाना सीख जाती है, तो मैं इसे रख सकती हूं। मैंने सीखा है!

मैक्सिमा स्क्वैश की स्थानीय किस्म

लेट्यूस की स्थानीय किस्म

प्रस्तावना

मैं रेगिस्तान में एक ठंडी पहाड़ी घाटी में उद्यान। गर्म मौसम वाली फसलें संघर्ष करती हैं। टमाटर, मिर्च, स्क्वैश और खरबूजे जैसी फसलें उगाना मुश्किल है। सब्जियों की किस्में और काम करने के तरीके जो औसत जलवायु में एक औसत माली के लिए काम करते हैं, वे यहां काम नहीं करते हैं। दूर के बगीचों में कई दशक पहले जो तरीके और किस्में लोकप्रिय थीं, वे मेरे काम नहीं आतीं।

कई गर्म मौसम की फसलों पर फसल लेने के लिए, मुझे ऐसी किस्में विकसित करनी पड़ीं जो मेरे खेत के लिए अद्वितीय हों। स्थानीय किस्मों को मेरी बढ़ती परिस्थितियों के लिए सबसे तेज़ी से अनुकूलित किया गया।

पहली स्थानीय फसल जो मैंने उगाई वह इतनी अच्छी थी कि मैंने अपने बगीचे में हर पौधे और जानवर के लिए स्थानीय किस्मों के साथ बागवानी के सिद्धांतों को लागू करने के लिए प्रतिबद्ध किया।

अति प्राचीन काल से स्थानीय किस्मों के रूप में फसलें बढ़ीं, हाल के दशकों को छोड़कर, जब बढ़ते हुए भोजन को मेगा–निगमों को सौंप दिया गया था।

एक स्थानीय किस्म आनुवंशिक रूप से विविध, विशिष्ट रूप से परागण करने वाली और स्थानीय रूप से अनुकूलित फसल है। बदलती बढ़ती परिस्थितियों में स्थिर पैदावार देने के लिए स्थानीय रूप से अनुकूलित फसलों को पसंद किया जाता है।

स्थानीय रूप से अनुकूलित फसलें कठिन परिस्थितियों में विश्वसनीयता के लिए योग्यतम और किसान वरीयता के जीवित रहने से उत्पन्न होती हैं। जो पौधे ज्यादा देर तक जीवित नहीं रह पाते हैं, वे मर जाते हैं। सबसे मजबूत पौधे जीवित रहते हैं। नए कीटों का आगमन, नई बीमारियां, या सांस्कृतिक प्रथाओं में परिवर्तन, या पर्यावरण में आनुवंशिक रूप से विविध आबादी में कुछ व्यक्तियों को नुकसान पहुंचा सकता है। बदलती परिस्थितियों की परवाह किए बिना, उच्च विविधता के साथ कई पौधे परिवार अच्छा करते हैं।

स्थानीय रूप से अनुकूलित फसलें अक्सर निर्वाह स्तर की परिस्थितियों में बिना किसी महंगे इनपुट जैसे जड़ी–बूटियों, कीटनाशकों, उर्वरकों या निराई के उगती हैं। अत्यधिक बढ़ती परिस्थितियों या कीटों वाले बगीचों के लिए, स्थानीय रूप से अनुकूलित फसलें ही एकमात्र विश्वसनीय फसल प्रदान कर सकती हैं।

इस पुस्तक का आधार यह है कि अन्न उगाना, बीज बचाना और पौधों का प्रजनन मानवता की सामान्य विरासत है। अनपढ़ पादप प्रजनकों ने हमें वह हर फसल दी जो अब हम उगाते हैं। बीजपालक न तो पढ़ते थे और न ही लिखते थे। वे जीन के बारे में नहीं जानते थे। पुस्तक–शिक्षण के बिना, उन्होंने हमें अद्भुत फसलें लाने के लिए एक–दूसरे के साथ और पौधों और पारिस्थितिकी तंत्र के साथ सहयोग किया।

इन साधारण लोगों ने मक्का, सेम, स्क्वैश और अनाज विकसित करने के लिए जो काम किया वह मानवता ने पूरा किया सबसे परिष्कृत और महत्वपूर्ण काम है। यह दुनिया के सबसे महान मंदिरों की उपलब्धि को बौना करते हुए, सादे दृष्टि में छिप जाता है।

स्थानीय रूप से अनुकूलित पादप प्रजनन सरल लोगों द्वारा किया जाने वाला सर्वोत्तम कार्य है। हमें प्रयोगशालाओं, या साक्षरता की भी आवश्यकता नहीं है-समुदाय में हम अपने दिल और दिमाग से जो कुछ भी हासिल करते हैं उसकी प्रतिभा और परिमाण चौंका देने वाला है।

स्थानीय रूप से अनुकूलित भोजन और बीज उगाने की तकनीकें आज भी उतनी ही उपलब्ध हैं जितनी प्राचीन काल में थीं।

लगभग 60 साल पहले, खाद्य उत्पादन के एक औद्योगिक मॉडल ने लोगों को पारंपरिक खाद्य उत्पादन विधियों से अलग करना शुरू किया। दूर के "विशेषज्ञों" ने लोगों की अपनी समझ और अंतर्दृष्टि को बदल दिया। लोगों ने आम तौर पर अपना भोजन और बीज उगाना बंद कर दिया, और एक वैश्विक कॉर्पोरेट मशीन में दलदल बन गए। अलगाव व्याप्त है।

यह पुस्तक भोजन और बीज उत्पादन में स्वतंत्रता और सामुदायिक आत्मनिर्भरता को प्रोत्साहित करने वाली एक वैकल्पिक विधि की व्याख्या करती है।

मैं अपने प्रति, पौधों, जानवरों और रोगाणुओं के प्रति नम्रता और प्रेमपूर्ण जागरूकता के साथ बाग लगाना पसंद करता हूं। मैं एक औद्योगिक मशीन में हमारे साथ कोगों की तरह व्यवहार नहीं करता। जब मैं एक गर्म शरद ऋतु के दिन बीज काटता हूं, तो मेरा हृदय–गीत हजारों वर्षों से अतीत और भविष्य में लोगों, पौधों और पारिस्थितिकी तंत्र को शामिल करता है।

इस पुस्तक से लिया गया संदेश आशा का संदेश है। औसत माली और गांव की पहुंच के भीतर खाद्य उत्पादन, बीज की बचत और पौधों का प्रजनन आसानी से होता है। हमें स्कूली शिक्षा, विशेषज्ञों, दूर के बड़े–निगमों या उनके उत्पादों पर निर्भर रहने की आवश्यकता नहीं है।

हम उत्कृष्ट बीज उगा सकते हैं जो स्थानीय रूप से हमारे अपने बगीचों और समुदायों में पनपने के लिए अनुकूलित हैं।

स्थानीय किस्मों के साथ बागवानी जैव विविधता और विविध परागण के माध्यम से खाद्य सुरक्षा प्रदान करती है।

कैशे घाटी यूटाही

1 सबसे उपयुक्तका अस्तित्व

स्थानीय किस्मों के साथबागवानीभोजन उगाने की पारंपरिक विधि है। यह योग्यतम की उत्तरजीविता पर आधारित है। स्थानीय किस्मों को स्थानीय रूप से अनुकूलित, आनुवंशिक रूप से परिवर्तनशील और विशिष्ट रूप से परागण करने वाली होती हैं। यह पुस्तक स्थानीय किस्मों, स्थानीय माली और समुदायों के बीच घनिष्ठ संबंध पर केंद्रित है।

स्थानीयकृत फसलें बदलती परिस्थितियों के अनुकूल होती हैं। जिन पौधों के पनपने की सबसे अधिक संभावना है, वे उन पौधों की संतान हैं जो पहले पनपे थे।

जब मैं औद्योगीकृत बीज प्रणाली से प्राप्त बीज बोता हूं, तो 75% से 95% किस्मों का विफल होना आम बात है। मेरे पड़ोसी मुझसे कहते हैं कि मेरी मूंगेल की किस्में सप्ताह में एक बार सिंचाई करने पर फलती-फूलती हैं, जबकि उनके कैटलॉग की किस्में सूख जाती हैं और मर जाती हैं, यहां तक कि दैनिक पानी देने से भी। जब मैं पूछता हूं कि उन्हें अपने बीज कहां से मिले, तो उन्होंने गर्व से मुझे बताया कि उन्होंने उन्हें तटीय ओरेगन में एक जैविक खेत से प्राप्त किया।

हमारी बढ़ती स्थितियां उच्च ऊंचाई वाले शानदार-सूरज के सुपर-शुष्क रेगिस्तान हैं, जिसमें दिन/रात और मौसमी तापमान में भारी उतार-चढ़ाव होता है। जिन परिस्थितियों में बीज उगते हैं, वे हल्के तापमान के साथ, कम ऊंचाई वाले, नम, आर्द्र होते हैं। कैटलॉग के बीज एक पूरी तरह से अलग क्षेत्र में विकसित हुए, कई बढ़ती परिस्थितियों के साथ हमारे यहां जो कुछ भी है उसके विपरीत। बीजों में आनुवंशिक कौशल का अभाव होता है जो हमारी परिस्थितियों में पनपने के लिए आवश्यक होता है।

एक बड़े संदर्भ में, बीज उद्योग द्वारा बेचे जाने वाले अधिकांश बीज बिना जांचे हुए बीज होते हैं। बीज की बढ़ती परिस्थितियों के बारे में बहुत कम, यदि कोई हो, प्रकटीकरण या जवाबदेही है। वे अलग-अलग जलवायु, मिट्टी और पारिस्थितिक तंत्र के साथ दुनिया में कहीं से भी आ सकते हैं।

जैविक रूप से उत्पादित बीजों को उगाने से मुझे बेहतर परिणाम मिलते हैं। मुझे अपनी खुद की अति-स्थानीयकृत किस्मों को उगाने से सर्वोत्तम परिणाम मिलते हैं। बीज न केवल जलवायु और बढ़ती परिस्थितियों के अनुकूल हैं, वे एक किसान के रूप में मेरी आदतों के अनुकूल हैं।

Astronomy Domine मेरी पहली स्थानीय किस्म

पहली आनुवंशिक रूप से विविध फसल जो मैंने उगाई वह थी एस्ट्रोनॉमी डोमिन स्वीट कॉर्न। यह पेकिन, इंडियाना में बिशप के होमग्रोन के एलन बिशप द्वारा एक प्रजनन परियोजना थी। परियोजना का लक्ष्य स्वीट कॉर्न की सैकड़ों किस्मों से युक्त एक संकर झुंड बनाना था: आधुनिक संकर, प्राचीन किस्में और पारंपरिक विरासत। जब मैंने बीज बोए, कुछ मर गए, और कुछ फले-फूले। कुछ को तीतर या झालर ने खा लिया। कुल मिलाकर, परिणाम प्यारे थे। मैंने बीजों को सबसे अच्छे से बचाया, और फिर से लगाया। फसल शानदार थी। वे दशकों से मेरे

परिवार द्वारा उगाए गए वाणिज्यिक संकर स्वीट कॉर्न की तुलना में अधिक मजबूत, अधिक रंगीन, अधिक उत्पादक और स्वादिष्ट थे।

एक दशक बाद, मेरा संस्करण एलन से अलग है। मेरा मौसम छोटा है, अधिक रंगीन गुठली के साथ। मेरा तनाव एलन की तुलना में दस दिन पहले परिपक्व हो जाता है।

मुझे आनुवंशिक रूप से विविध स्वीट कॉर्न से प्यार हो गया, और मैंने अपने पूरे खेत को आनुवंशिक रूप से विविध स्थानीय रूप से अनुकूलित किस्मों को उगाने में बदल दिया। केंटालूप काम करने के लिए एक अच्छी फसल थी, क्योंकि पारंपरिक खरबूजे की किस्में पतझड़ के ठंढ से पहले नहीं पकती हैं। अत्यधिक फैलने वाली फसलें, जैसे खरबूजे, स्थानीय परिस्थितियों के लिए जल्दी से अनुकूल हो जाती हैं। आउटक्रॉसिंग आनुवंशिक विविधता पैदा करता है, जिससे मेरे खेत में पनपने वाली नई किस्मों को खोजने का अवसर मिलता है।

खरबूजा परियोजना शुरू करने के लिए, मैंने उन कुछ खरबूजों से बीज बचाए, जिन्होंने पिछले वर्ष एक फल पैदा किया था। मैंने किस्में जोड़ीं: स्थानीय फार्म स्टैंड, इंटरनेट, बीज कैटलॉग, किराना स्टोर से। कुछ किस्में अंकुरित नहीं हुईं। कुछ किस्में कीड़े के शिकार हो गईं। अन्य ठंड में नहीं बढ़े। कुछ मजबूती से बढ़े। दो सबसे अच्छे पौधों ने संयुक्त पैच के बाकी हिस्सों की तुलना में अधिक फल का उत्पादन किया।

बढ़ते मौसम की शुरुआत में यह स्पष्ट था कि कुछ पौधे फल–फूल रहे थे। अन्य धीरे–धीरे बढ़े।

स्थानीय किस्मों को विकसित करने के लिए एक परियोजना की शुरुआत में, मैं कम से कम। मुझे कुछ भी चाहिए जो जीन–पूल में अपने आनुवंशिकी का योगदान करने के लिए बीज बना सके। बाद के वर्षों में, मैं उत्पादकता और स्वाद के लिए और अधिक का चयन करता हूं। कलिंग के संबंध में बारीकियों को बाद के अध्यायों में शामिल किया गया है।

मैंने बीज एकत्र किया और फिर से लगाया। ओह, मेरी बिल्ली !! मुझे कुत्सित खरबूजे उगाने की कोशिश करने की आदत थी। मैंने कभी नहीं

सोचा था कि खरबूजा प्रचुर मात्रा में उत्पादन कर सकता है। मैंने एक बार में सौ पौंड फल काटे!

मैं स्थानीयकृत प्रजनन परियोजना के तीसरे वर्ष को जादुई वर्ष मानता हूं। पहले वर्ष, पूरी तरह से विकृत पौधे मर जाते हैं। दूसरे वर्ष, बचे हुए पार–परागण। तीसरे वर्ष उनकी संतान सर्वश्रेष्ठ के साथ सर्वश्रेष्ठ पार हो जाती है। उच्च क्रॉसिंग दरों के बिना भी, तीसरे वर्ष के पौधों में दो साल का स्थानीय अनुकूलन और महानता के लिए चयन होता है।

सुसान ओलिवरसन उसी पहाड़ी घाटी में खरबूजे उगाती हैं जैसे मैं करती हूं। हमने एक दूसरे के साथ उदारतापूर्वक बीज बांटे। मुझे उसके बीजों पर भरोसा है, क्योंकि हम समान जलवायु, मिट्टी, ऊंचाई और बग साझा करते हैं। हम दोनों विविधता को महत्व देते हैं। उसके बीज मेरे बगीचे में फलते–फूलते हैं। हमने किस्म का नाम लोफहाउस–ओलिवरसन स्थानीय मस्कमेलन रखा।

स्थानीयकृत बागवानी का एक प्रमुख घटक सामुदायिक सहयोग है: स्थानीय रूप से, जैव–क्षेत्रीय रूप से, और दुनिया भर के समान पारिस्थितिक तंत्र से।

लैंडरेस बनाम विदेशी पालक (विदेशी चारों ओर लाल बॉक्स)

पालक आसानी से स्थानीय किस्म में परिवर्तित हो जाता है। मैंने एक–दूसरे के बगल में पालक की कई किस्में लगाईं और उन पौधों को तोड़ दिया जो धीमी गति से बढ़ रहे थे या तेजी से बढ़ रहे थे। 12 में से लगभग 4 किस्में मेरे बगीचे के लिए उपयुक्त थीं। मैंने उन्हें क्रॉस–परागण और बीज लगाने की अनुमति दी। कुछ साल बाद किसी ने मुझे पालक के बीज का पैकेट दिया। मैंने इसे अपनी स्थानीय रूप से

अनुकूलित किस्म के बगल में लगाया। आयातित पालक 3 इंच (8 सेमी) लंबा बीज में चला गया। पालक की स्थानीय किस्म के पत्ते एक फुट लंबे होते हैं।

तरबूज परियोजना में शुरू में दुनिया भर के सहयोगी शामिल थे। हमने प्रतिभागियों के बीच उदारतापूर्वक बीज बांटे। मेरे बगीचे में सबसे विश्वसनीय आयात निकटतम सहयोगियों से होता है। विविधता इकट्ठा करने के लिए दूर के सहयोगी और बड़ी बीज कंपनियां महत्वपूर्ण हैं। आनुवंशिक रूप से विविध, क्रॉस–परागण वाली फसलें स्थानीय परिस्थितियों से मेल खाने के लिए अपने आनुवंशिकी को पुनर्व्यवस्थित करती हैं।

तरबूज परियोजना शुरू करने के लिए, मैंने लगभग 700 बीज लगाए। पहले रोपण में सैकड़ों किस्मों के बहुसंख्यक परागणित संकर संतानें शामिल थीं। मैंने पहले साल पांच फल काटे। यह योग्यतम पादप प्रजनन कार्यक्रम के जीवित रहने की बड़ी संभावना है। उन फलों में से एक तरबूज की विरासत किस्म से था जिसे मेरे डैडी ने दशकों से हमारी घाटी में संरक्षित किया है।

तरबूज चखना

कभी–कभी जब मैं अपने बगीचे में एक नई फसल को अपनाना शुरू करता हूं, तो मैं सैकड़ों किस्मों का आयात करता हूं, जिससे बड़े पैमाने पर क्रॉस बनता है। दूसरी बार मैं धीमा और स्थिर तरीका अपनाता हूं। मैं बाद के अध्याय में दोनों विधियों को शामिल करता हूं।

मैंने पार्सनिप के साथ धीमा और स्थिर तरीका अपनाया। गिरने से मेरी मिट्टी कठोर हो जाती है। उन्हें खोदना मुश्किल था। वे टूट रहे थे। अधिकांश खाद्य मूल्य जमीन में बना रहा। हमने शलजम की जड़ वाले पार्सनिप के साथ शुरुआत की, जिससे यह स्वाभाविक रूप से अधिक जोरदार, लंबे समय तक जड़ वाले पार्सनिप के साथ पार–परागण करने की अनुमति देता है। फिर हमने शलजम की जड़ वाली आकृति के लिए

फिर से चयन किया। मैं लंबे समय से जड़ वाले पार्सनिप को फिर से पेश करने की संभावना नहीं रखता। मैं मौजूदा फॉर्म को खोना नहीं चाहता।

शलजम के आकार का पार्सनिप

मेरे अनुभव में इन आनुवंशिक रूप से विविध फसलों को रोपने से, वे पार-परागण करते हैं और योग्यतम चयन के अस्तित्व से गुजरते हैं। वे खुद प्रजनन करते हैं। मेरा मुख्य कार्य रास्ते से दूर रहना है। मैं उचित समय पर पौधे लगाता हूं, और आवश्यकतानुसार सिंचाई या खरपतवार करता हूं। इस पुस्तक का एक पूरा अध्याय विशिष्ट परागण की खोज के लिए समर्पित है।

मैं पौधों को नहीं पालता। यदि कोई पौधा रोग, या कीट से संघर्ष करता है, तो मैं उसे काट देता हूँ। मैं इसे कीटनाशकों, स्प्रे, शाकनाशी, श्रम या उपचार से बचाने की कोशिश नहीं करता। अगर मैं इसे जल्दी खींचता हूं, तो यह पराग को बाकी पैच में नहीं बहाता है। मैं कीट और रोगों पर अध्याय में इस दृष्टिकोण की बारीकियों का पता लगाता हूं।

बहुत सारे माली टमाटर उगाने में भारी मात्रा में श्रम और सामग्री लगाते हैं। वे उन्हें मिट्टी से दूर रखते हैं। वेसलाखें और छंटाई करते हैं हवा के प्रवाह के लिए। वे लगातार छिड़काव करते हैं। मैं गंदगी पर फैले टमाटर उगाता हूं। मैं उनकी उपेक्षा करता हूं। यदि एक किस्म स्थानीय कीटों और बीमारियों, या मेरे हाथ से निकलने वाले तरीकों को संभाल नहीं सकती है, तो मैं इसे अपने बगीचे में नहीं चाहता। मैं स्थानीय रूप से अनुकूलित किस्मों को उगाना पसंद करता हूं जो आज की तरह ही बढ़ती परिस्थितियों को संभाल सकें।

मेरे लिए बढ़ती परिस्थितियों को बदलने की तुलना में पौधों के लिए अपने आनुवंशिकी को संशोधित करना बहुत आसान है। इसलिए मैं अपने खेतों में खाद नहीं डालता और न ही मिट्टी को संशोधित करने का प्रयास करता हूं। अगर मैं निषेचित होता, तो मैं उन पौधों का चयन करता जिन्हें उर्वरक की आवश्यकता होती है।

प्रत्यारोपण अक्सर पौधों के लिए हानिकारक होता है, इसलिए यदि संभव हो तो मैं सीधे बीज बोने से बढ़ता हूं। प्रत्यक्ष बीज वाली फसलें प्रत्यारोपण की तुलना में बहुत अधिक मजबूती से और मज़बूती से बढ़ती हैं। मेरी चयन प्राथमिकताओं की सूची में प्रत्यक्ष वरीयता प्राप्त होने पर जीवित रहने और पनपने की क्षमता अधिक है।

मुझे निराई पसंद नहीं है। निराई न करके, मैं उन पौधों का चयन करता हूं जो मातम से मुकाबला करते हैं। जब वे एक बगीचे में जाते हैं जहां लोग घास काटते हैं, तो वे बढ़ते हैं। लगातार कई वर्षों में, मैंने अपनी गाजर को मातम में खो दिया। गाजर अंकुरित होने में धीमी थी। वे धीरे–धीरे बढ़े। मातम ने उन्हें घेर लिया। मैंने उन कुछ पौधों से बीज को बचाया जो लगातार कई वर्षों तक मातम से बचे रहे। संतान मजबूत, तेजी से बढ़ने वाले पौधे बन गए। मैं उस तरह की आउट–प्रतिस्पर्धी मातम रणनीति को हर उस फसल पर लागू करता हूं जो मैं उगाता हूं। मैं आमतौर पर अंकुरण के तुरंत बाद एक बार निराई करता हूं।

खरपतवार मुझे महत्वपूर्ण भोजन प्रदान करते हैं। यह बताना मुश्किल हो सकता है कि मुझे बगीचे में काम करते हुए देखकर, अगर मैं चारा देता हूं, या अगर मैं घास काटता हूं। कई खरपतवार सीधे हाथ से मुंह में चले जाते हैं।

योग्यतम की उत्तरजीविता का अर्थ है कि किसान या पर्यावरण जो कुछ भी उन पर फेंकता है उसे जीवित रखना।

स्थानीय बीजों के साथ उगाया गया

www.localseed.rocks

2 फ्रीलांस बनाम उद्योग

स्थानीय किस्मों के साथ बागवानी स्थानीय स्वतंत्र खाद्य उत्पादन, बीज की बचत और पौधों के प्रजनन के बारे में है। पूरे इतिहास में, छोटे पैमाने पर खाद्य उत्पादन और केंद्रीकरण के बीच संतुलन बदल गया है। हम ऐसे युग में हैं जहां केंद्रीकरण ने अपना पाठ्यक्रम चलाया है। लोग विकेंद्रीकृत खाद्य उत्पादन की ओर लौट रहे हैं। स्थानीय रूप से अनुकूलित बीज स्वस्थ खाद्य प्रणालियों में महत्वपूर्ण भूमिका निभाते हैं।

इतिहास और राजनीति

10,000 वर्षों तक, कृषि स्थानीय रूप से अनुकूलित फसलों को उगाने से फली–फूली। प्रत्येक माली और किसान ने अपने बगीचे से बीज बचाए। आसपास के बागवानों ने आपस में बीज बांटे। खाद्य उत्पादन और बीज की बचत स्थानीय थी। आनुवंशिक विविधता और क्रॉस–परागण ने फसलों को बदलती परिस्थितियों के अनुकूल होने की अनुमति दी।

लगभग 60 साल पहले, बड़े निगमों ने फसलों का प्रजनन शुरू किया। उन्होंने एकरूपता और शिपिंग गुणों के लिए चयन किया। उन्होंने गहन इनब्रीडिंग का उपयोग करके अधिकांश प्रजातियों की विविधता को त्याग दिया। कीटनाशक, शाकनाशी, कवकनाशी, उर्वरक, पकने वाले एजेंट, और परिरक्षकों को इनब्रीडिंग और शिपिंग जरूरतों के लिए मुआवजा दिया गया।

उस प्रणाली के तहत उगाए गए पौधों ने कीटों, बीमारियों और प्रतिकूल बढ़ती परिस्थितियों से निपटने के लिए अपनी आनुवंशिक स्मृति खो दी। वे सिंथेटिक रसायनों पर निर्भर हो गए।

घर के माली अपनी फसलों या खुद को रसायनों से जहर देने से हिचकते हैं। एक घर के माली के लिए अत्यधिक इनब्रेड फसलों से सर्वोत्तम उपज प्राप्त करने के लिए आवश्यक सख्त स्प्रे शेड्यूल से चिपके रहना दुर्लभ है।

आप जो चुनते हैं वह आपको मिलता है, भले ही चयन अनजाने में हो। माली जो खाद, गीली घास, या लकड़ी के चिप्स का उपयोग करते हैं, उन पौधों का चयन करते हैं जो उन इनपुट के साथ सबसे अच्छे होते

हैं। औद्योगीकृत बीज उद्योग को उन किस्मों के लिए चुना गया जिन्हें अकार्बनिक उर्वरक, फसल सुरक्षा रसायनों और निराई की आवश्यकता होती है। जब औद्योगीकृत बीज उन परिस्थितियों के बाहर उगते हैं, तो वे संघर्ष करते हैं।

बदलती परिस्थितियों के बावजूद आनुवंशिक रूप से विविध फसलें विश्वसनीयता प्रदान करती हैं। क्रॉस–परागण करने वाली किस्में नई परिस्थितियों को सर्वोत्तम बनाने के लिए अपने आनुवंशिकी को पुनर्व्यवस्थित करती हैं।

अत्यधिक इनब्रेड या क्लोन की गई फसलों ने बड़े पैमाने पर फसल विफलताओं में योगदान दिया: 1845–1857 की यूरोपीय आलू की महामारी, 1950 के दशक में अफ्रीका में दक्षिणी मकई की जंग, 1970 की अमेरिकी कॉर्न ब्लाइट और 2009 में दक्षिण अफ्रीका में जीएमओ मकई की विफलता। कॉफी , केला, गेहूँ, सेब, आलू, और टमाटर ऐसी फ़सलें हैं जो वर्तमान में सिस्टम के व्यापक व्यवधान के खतरे में हैं। मेरा मानना है कि भारत में नए–नए चावल की विफलता किसानों के बीच उच्च आत्महत्या दर में योगदान करती है।

आनुवंशिक रूप से विविध फसलें पूरे सिस्टम के पतन के लिए कम संवेदनशील होती हैं। मैं लगभग 5000 प्रकार के स्वीट कॉर्न उगाता हूं। एक मेगा–फ़ार्म केवल एक ही प्रकार का हो सकता है। मेरे स्थानीय स्वीट कॉर्न के एक सिल में सैकड़ों एकड़ वाणिज्यिक स्वीट कॉर्न की तुलना में अधिक आनुवंशिक विविधता है।

हिरलूम ऐसी किस्में हैं जो कई दशक पहले दूर के खेत में पनपती थीं। आज और मेरे खेत में स्थितियां अलग हैं। मैं लगातार ऐसी किस्में पैदा करता हूं जिन्हें अब से 50 साल बाद विरासत कहा जा सकता है।

हाल ही में एक सामाजिक व्यवधान के परिणामस्वरूप बीज कंपनियां मांग को पूरा करने में असमर्थ रही हैं। उनके पास हर उस व्यक्ति को आपूर्ति करने के लिए स्टाफ, उपकरण, आपूर्ति या बीज नहीं थे जो बीज चाहते थे। किराने की दुकानों ने कई प्रकार के भोजन और आपूर्ति से बाहर चल रहे एक वैश्वीकृत जस्ट–इन–टाइम डिलीवरी मॉडल की

नाकामी का प्रदर्शन किया। कुछ सरकारों ने बीजों की बिक्री को गैर-जरूरी बताकर प्रतिबंधित कर दिया।

एक समुदाय के रूप में स्थानीय रूप से अनुकूलित फसलों को उगाने से अधिकतम खाद्य सुरक्षा और स्वतंत्रता मिलती है। एक समुदाय, जो अपना भोजन और बीज खुद उगा रहा है, दूर के निगमों या राजनेताओं के कार्यों के प्रति कम संवेदनशील होता है।

पहाड़ी लोगों का दृष्टांत प्राचीन काल से

लोग पौधों के प्रजनन के बारे में बुनियादी तथ्यों को जानते हैं। पौधे बीज बनाते हैं, जिन्हें एकत्र किया जा सकता है और फिर से लगाया जा सकता है। संतान अपने माता-पिता और दादा-दादी के समान होती है। ज्ञान की उस नींव के साथ, अनपढ़ पौधों के प्रजनकों ने खाद्य प्रजातियों को पालतू बनाया जो अब हम उगाते हैं।

हजारों वर्षों से, अनपढ़ मनुष्यों को पौधों और जानवरों के लिए चुना गया जो भोजन के लिए उपयोगी थे। उन्होंने जहर और अत्यधिक रेशेदारता के खिलाफ चयन किया। उन्होंने उत्पादकता के लिए, और बग और बीमारी के प्रतिरोध के लिए चुना। उन्होंने महान स्वाद और उच्च पोषण सामग्री के लिए चुना।

उस समय के दौरान, मानव और पौधों ने एक दूसरे के साथ समझौता किया। पौधे बहुतायत से उत्पादन करने और अपने जहर, कांटों और पोषक तत्वों को छोड़ने के लिए सहमत हुए। मनुष्य पौधों की देखभाल, पोषण और सुरक्षा के लिए सहमत हुए। साथ में, पौधों और मनुष्यों ने पारस्परिक रूप से लाभकारी सहजीवी संबंधों में प्रवेश किया।

कुछ पौधे और कुछ मानव संस्कृतियां सहजीवन को अगले स्तर तक ले गईं। मनुष्य गतिहीन हो गए, और अनाज के पास रहना शुरू कर दिया ताकि उन्हें शिकारियों से बेहतर तरीके से बचाया जा सके और मातम से प्रतिस्पर्धा की जा सके। भोजन की प्रचुरता ने मनुष्यों को सांस्कृतिक गतिविधियों पर अधिक समय बिताने और दिन-प्रतिदिन के अस्तित्व पर कम समय बिताने की अनुमति दी।

मनुष्य सभ्य लोगों में विभाजित हो गए जो अनाज के पास के शहरों में रहते थे, और पहाड़ी लोग जो खानाबदोश, या शिकारी–संग्रहकर्ता के रूप में अधिक रहते थे। पहाड़ी लोग भी पौधों को पालतू बनाते थे। वे वार्षिक कृषि के बजाय बारहमासी बागवानी का अभ्यास करते थे।

सभ्य लोगों ने पाया कि वे महीनों, वर्षों या दशकों तक अनाज का भंडारण कर सकते हैं। उन्होंने अनाज को सुरक्षित रखने के लिए भण्डारों में इकट्ठा किया, और अनाज की रखवाली के लिए बलवानों को नियुक्त किया। फिर, चूंकि मजबूत लोगों के पास अनाज का नियंत्रण था, उन्होंने भोजन के बदले में आज्ञाकारिता की मांग की, यह सुनिश्चित करने के लिए कि सभ्य लोगों द्वारा उत्पादित सभी अनाज केंद्रीकृत अन्न भंडार में समाप्त हो गए, न कि निजी पैंट्री में।

पहाड़ी लोगों ने अपने पारंपरिक तरीकों से जीना जारी रखा, खराब होने वाले खाद्य पदार्थ उगाए जो आसानी से केंद्रीकृत या शिप नहीं किए गए थे। छोटे बगीचे उगाना जो एक नौकरशाह के समय के लायक नहीं थे। ऐसे खाद्य पदार्थों के लिए जंगल में चारा उगाना जो आसानी से गिने नहीं जाते थे। मोबाइल झुंड और झुंड रखना। बारहमासी फसलें उगाना जो फसल के बीच वर्षों तक जा सकती हैं, या वार्षिक फसलें जो अपने लिए रख सकती हैं।

सभ्य लोगों ने अपनी खाद्य उत्पादन प्रणाली का औद्योगीकरण किया, रोबोटों को खेतों और गोदामों में भेज दिया, रोबोटों को चालू रखने के लिए पर्याप्त कम वेतन वाले श्रमिकों के साथ। उन्होंने हवा, जमीन, पानी और खुद में जहर उगल दिया। जीवित मिट्टी मृत मिट्टी में बदल गई, और नदियों और महासागरों को मृत क्षेत्रों में बदल दिया गया।

सभ्य लोगों द्वारा उगाई जाने वाली फसलें तीव्र अंतःप्रजनन के कारण अनुपयोगी हो गईं। उन्होंने पर्यावरणीय तनाव से निपटने के लिए बुद्धिमत्ता खो दी। फसल सुरक्षा रसायनों, स्प्रे और उर्वरकों के मशीनीकरण और अति प्रयोग ने पौधों को रोबोट पर निर्भर बना दिया, जिससे भूलने की बीमारी बढ़ गई। अधिक प्राकृतिक उद्यानों में लगाए जाने पर सभ्य पौधे खराब रूप से विकसित हुए।

सभ्य लोग भी अपने भोजन के लिए रोबोट पर निर्भर हो गए। वे जो कुछ भी बलवानों ने उनसे करने को कहा, उसका पालन करने के लिए आए, ताकि वे खाते रहें। सभ्य लोग उन मशीनों की तरह कठोर हो गए जिन्होंने उन्हें खिलाया। उनके नगरों में भय, अविश्वास और निराशा भर गई। वे भूल गए कि कैसे गाना और नृत्य करना है, अन्य लोगों को रोबोट द्वारा दिखाए गए गाते और नृत्य करना पसंद करते हैं।

पहाड़ी लोगों द्वारा उगाए गए जानवरों और फसलों ने कीड़ों, बीमारियों, किसानों, मिट्टी और पारिस्थितिक तंत्र से निपटने के तरीके के बारे में अपनी आनुवंशिक स्मृति को बरकरार रखा है। पहाड़ी लोगों द्वारा उगाई गई बुद्धिमान, विविध फसलों ने पहाड़ी लोगों को शांति और स्वतंत्रता प्रदान करते हुए, स्वस्थ भोजन की प्रचुर मात्रा में उत्पादन किया।

पहाड़ी लोग अक्सर अपने सौभाग्य, और अपने पौधे और मानव पूर्वजों के ज्ञान का जश्न मनाते थे। वे गायन, नृत्य और सुंदर स्वाद, मजबूत पौधों, प्राकृतिक दुनिया और उनके समुदायों के लिए धन्यवाद देने के लिए एकत्र हुए। उनका संगीत और नृत्य स्वतःस्फूर्त था, जो उनके अपने शरीर, कल्पनाओं और वाद्ययंत्रों से बना था। उनके गांवों में खुशी, शांति और सहयोग भर गया।

जीत की राह बुराई से नहीं लड़ना...

यह वही कर रहा है जिससे हम प्यार करते हैं

C4 कड़वा, अम्लीय, खट्टा, साइट्रस। उज्ज्वल

A4-2 खट्टा, कसैला, चूना, साइट्रस, यक!

A5-1 हल्का, सुखद, तरबूज, सपाट, सौंफ़

Max-habro. उज्ज्वल, गीला कुत्ता, स्वाद
कस्तूरी बम, अखरोट, तरबूज खट्टा दूध

C3 अम्लीय, तांग, वाह! शहद,
मीठा, तरबूज

C5-5 अम्लीय, फंकी नहीं, हल्का, नमकीन,
पानीदार, सबसे नरम, ताज़ा

C5-1 मीठा पुष्प। नीरस किण्वित
अच्छा संतुलन।

C5-पीला। सौम्य, नीरस। यक,
कम अम्ल, दानेदार, कम शर्करा

A1-1 स्वाद परीक्षण के विजेता। आम।
कामुक। अच्छा, वाह! श्रेष्ठ।

A4-3 खट्टा। तीखा। पानी जैसा। ब्लैंड। नहीं।

A4-1 रसदार हरा, तीखा, बढ़िया प्रारंभिक स्वाद, ककड़ी की त्वचा

C5-4 तरबूज, यम, कायरता और मीठा, यम,

टमाटर चखने की पार्टी

अनेक स्वाद परीक्षकों की टिप्पणियों का सारांश

3 निरंतर सुधार

स्थानीय किस्मों को उगाने से मुझे सबसे बड़ा लाभ यह है कि मेरी फसलें फलती–फूलती हैं। वे हर साल बेहतर होते जाते हैं। जो बीज मैं खुद उगाता हूं, वह जितना मैं खरीद सकता हूं, उससे कहीं ज्यादा मजबूती से उगता हूं।

जब मैं एक बहुराष्ट्रीय बीज कंपनी से एक किस्म खरीदता हूं, तो मैं भविष्यवाणी नहीं कर सकता कि यह मेरे बगीचे में कैसे बढ़ेगी। विभिन्न आनुवंशिकी वाले बीज भी एक ही लेबल ले जा सकते हैं। अगर मैं तीन या चार किस्में लगाता हूं और उन पौधों से बीज बचाता हूं जो मेरे लिए सबसे अच्छे होते हैं, तो मैं ऐसे पौधों का चयन करता हूं जो पनपते हैं। वे साल दर साल मज़बूती से उत्पादन करते हैं।

बहुराष्ट्रीय कंपनियाँ अपने बीजों का परीक्षण औसत स्थितियों के लिए औसत बगीचों में करती हैं। इसका मतलब है कि उनके बीज विशिष्ट बगीचों में विशिष्ट परिस्थितियों के लिए तैयार किए गए बीज के रूप में अच्छी तरह से काम नहीं कर सकते हैं।

मेरा मानना है कि अगर हम अपने बगीचों के लिए सबसे अच्छी खेती चाहते हैं, तो हमें आनुवंशिक रूप से विविध, परागण–परागण वाली फसलें उगानी चाहिए, फिर अपने स्वयं के बगीचों और समुदायों में उनसे बीजों को बचाना चाहिए। मेरे खेत में ऊंचाई और कम मौसम के कारण अत्यधिक वृद्धि की स्थिति है। जब तक मैंने अपने खुद के बीजों को बचाना शुरू नहीं किया, तब तक मैं कई गर्म मौसम की फ़सलें मज़बूती से नहीं उगा सकता था।

एक दोस्त मेरे बगीचे में तोरी स्क्वैश उगा रहा था। उसने व्यावसायिक बीज लगाए जो स्थानीय रूप से अनुकूलित नहीं थे। वे रोग और कीड़े के लिए एक चुंबक थे। वे जल्दी मर गए। मेरा स्क्वैश कीटों और बीमारियों के लिए अभेद्य लगता है। इसलिए, उसके स्क्वैश के निधन को देखना मेरे लिए खुशी की बात थी। वे कहते हैं कि दूसरे के दुर्भाग्य में घमण्ड करना अनुचित है। इस मामले में, मैंने एक अपवाद बनाया, क्योंकि स्थानीय

किस्मों के साथ बागवानी के लाभों का इतना सरल प्रदर्शन प्राप्त करना बहुत अच्छा था।

विश्वसनीयता और उत्पादकता

मुझे स्थानीय किस्मों की विश्वसनीयता और उत्पादकता पसंद है। कई पीढ़ियों के पूर्वजों ने मेरे खेत में बड़े होकर बीज पैदा किए। क्योंकि संतान अपने माता–पिता और दादा–दादी से मिलती–जुलती है, इसलिए मेरे खेत में पैदा होने वाले बीज आमतौर पर पनपते हैं। पूर्वजों ने पहले ही प्रदर्शित कर दिया है कि उनके पास जीवित रहने के लिए क्या है।

जैसे–जैसे जलवायु साल–दर–साल बदलती है, आनुवंशिक रूप से विविध, विशिष्ट रूप से परागण करने वाली किस्म बदलती परिस्थितियों में समायोजित हो जाती है।

मैं दूर देशों या खेतों में उगाए गए बीजों पर भरोसा नहीं कर सकता। वे एक अलग पारिस्थितिकी तंत्र में उगाए गए थे।

मैं अपने बगीचे में या अपने पड़ोसी के बगीचों में उगाए गए बीजों पर भरोसा कर सकता हूं। उन्होंने प्रदर्शित किया है कि वे मेरी पहाड़ी घाटी के लिए उपयुक्त हैं।

प्रथम वर्ष (अपरिपक्व) विंटर स्क्वैश

मेरे बगीचे में अधिकांश व्यावसायिक किस्में विफल हो जाती हैं। पहली पीढ़ी में, कुछ पौधे पतझड़ के ठंढों से पहले बीज पैदा कर सकते हैं। स्थानीय किस्मों को उगाने की मूल आवश्यकता स्थानीय रूप से उगाए गए बीजों को लगाना है। अपरिपक्व फलों के बीज अक्सर कुछ अंकुरित होने के लिए पर्याप्त व्यवहार्य होते हैं।

बाद के वर्षों में, फसल पहले की फसल की ओर बढ़ जाती है। तीसरा सीज़न तब होता है जब

आनुवंशिकी प्रारंभिक चयन, और क्रॉसिंग से गुजरती है, और पौधे पनपने लगते हैं।

मोस्काटा स्क्वैश उगाने के पहले तीन वर्षों में, शुरुआती ठंढों ने रोपण के 88 और 84 दिनों के बाद पौधों को मार डाला। इसने परिपक्वता के लिए छोटे दिनों के लिए मजबूत चयन प्रदान किया।

एस्ट्रोनॉमी डोमिन स्वीट कॉर्न में त्वरित परिपक्वता के लिए चयन धीरे–धीरे पांच वर्षों में हुआ। चयन मेरी पसंद से और अनजाने में हुआ।

मैं परिपक्वता के लिए छोटे दिनों का चयन करता हूं, क्योंकि छोटा मौसम एक प्राथमिक कारण है कि वाणिज्यिक बीज मेरे लिए अच्छी तरह से विकसित नहीं होते हैं।

तीसरा वर्ष (परिपक्व) शीतकालीन स्क्वैश

त्वरित परिपक्वता के लिए चयन प्राकृतिक चयन और किसान और समुदाय की पसंद दोनों द्वारा होता है। जल्दी पकने वाली फसलें अधिक विश्वसनीय होती हैं। गर्म–मौसम वाले क्षेत्रों के लोग मुझे बताते हैं कि जल्दी परिपक्व होने वाला गुण उनके लिए भी काम करता है। वे सीजन शिफ्ट कर सकते हैं और साल में दो फसलें उगा सकते हैं। कीड़े, बीमारी, मौसम या जानवरों द्वारा नष्ट होने से पहले वे फसल को जल्दी से काट सकते हैं। बाद में पुस्तक में, ऋतु परिवर्तन के लिए समर्पित एक खंड है।

चयन आनुवंशिक रूप से विविध किस्मों में तेजी से होता है जो क्रॉस–परागण कर रहे हैं। आनुवंशिक विविधता महत्वपूर्ण है, क्योंकि यह पौधों को दुनिया के साथ मुकाबला करने के विभिन्न तरीकों को आजमाने के लिए आनुवंशिक उपकरण देती है। प्रोमिसक्यूइटी (जहां बीज दो पौधों के बीच परागण से संबंधित नहीं हैं) महत्वपूर्ण है क्योंकि पौधे नए आनुवंशिक संयोजनों को और अधिक तेज़ी से आज़मा सकते हैं।

परिशिष्ट में एक तालिका है जो स्थानीय किस्मों के साथ बढ़ने में आसानी के आधार पर किस्मों की सिफारिश करती है। मैं इस बारे में

लिखता हूं कि किस तरह से दुर्लभ रूप से पार करने वाली प्रजातियों के बीच पार करने की सुविधा के बारे में अध्याय में परागण पर ध्यान दिया जाता है।

मकई, स्क्वैश, खरबूजे, ककड़ी, पालक, फवा, रनर बीन्स और ब्रासिकास जैसी प्रजातियों के साथ स्वदेशी किस्मों का विकास करना सबसे तेज है। आउटक्रॉसिंग को एक दूसरे के साथ पराग को आसानी से साझा करने के रूप में परिभाषित किया गया है।

बेहतर स्वाद वाला भोजन

अपने स्वयं के बीजों को सहेजकर, साल–दर–साल, मेरे लिए सबसे अच्छा स्वाद के आधार पर, मैं सब्जियों के सुखद स्वाद वाले उपभेदों को विकसित करता हूं।

औद्योगीकृत किस्में अक्सर मेरे लिए भयानक स्वाद लेती हैं। मुझे आश्चर्य है कि लोग इस तरह के नीरस–स्वाद वाले छद्म भोजन को कैसे सहन कर सकते हैं? किराने की दुकानों द्वारा पेश किए जाने वाले ताजे फल और सब्जियों की कई प्रजातियां मुझे पसंद नहीं आती हैं।

जब विश्वविद्यालय ने मेरे ग्राहकों का एक सर्वेक्षण किया, तो मैं अपने भोजन को खरीदने के उनके प्राथमिक कारण के बारे में चौंक गया था। मैंने सोचा था कि वे कहेंगे क्योंकि यह जैविक रूप से उगाया गया था, या क्योंकि यह स्थानीय रूप से उत्पादित किया गया था। शायद इसलिए कि इसे शाम को बाजार से पहले चुना गया था। नहीं! लोग मुख्य रूप से स्वाद के कारण मेरी सब्जियां खरीद रहे थे। मैंने रमणीय स्वाद के लिए प्रजनन पर पूरा ध्यान देना शुरू कर दिया।

अपनी फसलों के स्वाद को बनाए रखने और बेहतर बनाने के लिए, मैं इसके बीज को बचाने से पहले हर फल का स्वाद लेता हूं। मैं सुस्त माता–पिता से बीज नहीं बचाता। कुछ वर्षों के बाद, स्वाद मेरे शरीर और मेरी पसंद–नापसंद के अनुरूप हो गया। मेरा मानना है कि मेरी भोजन प्राथमिकताएं विशिष्ट अंतरंग व्यवहार का प्रतिनिधित्व करती हैं। उन स्वादों का चयन करके जो मुझे पसंद आते हैं, मैं उन स्वादों का चयन करता हूं जो मेरे समुदाय को खुश करते हैं।

उच्च कैरोटीन का स्वाद बहुत अच्छा होता है

मैं स्थानीय लोगों से पूछता हूं कि मेरा खाना खाते हैं, "अगर कुछ असाधारण स्वाद लेता है, तो कृपया मुझे बीज लौटाएं।" रसोइये फलों के एक टुकड़े के साथ उन फलों से बीज लौटाते हैं जिनका स्वाद बहुत अच्छा होता है। मैं भी इसका स्वाद लेता हूं। वे उन फलों से बीज निकालते हैं जो उन्हें पसंद नहीं हैं। मैं दोस्तों, परिवार और समुदाय से भी यही पूछता हूं। इस तरह, जायके एक सामुदायिक चयन परियोजना बन जाते हैं, न कि केवल एक किसान की विशिष्टता।

ऐसे कई कारक हैं जो सब्जी के पाक प्रोफाइल में योगदान करते हैं: रेशेदारपन, मुंह का अनुभव, मिठास, कड़वाहट, रंग, सुगंध, बनावट, और बहुत कुछ। मैं उन सभी पर ध्यान देता हूं।

मुझे अपने भोजन में अत्यधिक रंगीन कैरोटीन का स्वाद पसंद है। जब मैं स्क्वैश का चयन करता हूं जो चमकीले नारंगी होते हैं, तो वे स्वादिष्ट होते हैं।

इस पुस्तक के बीटा–पाठकों ने सुझाव दिया कि मैं कैरोटीन के स्वाद का वर्णन करता हूं। मैं एक विशेष स्वाद को इंगित नहीं कर सकता। जब मैं उच्च कैरोटीन खाद्य पदार्थ खाता हूं, तो मुझे संतोष, आनंद और संतुष्टि का अनुभव होता है। ऐसा लगता है कि मेरा शरीर फील–गुड केमिकल्स की बाढ़ छोड़ रहा है, ताकि मुझे इसी तरह के खाद्य पदार्थों की तलाश करने के लिए प्रोत्साहित किया जा सके।

इन वर्षों में, मैंने अनजाने में स्क्वैश के लिए चयन किया है जिसे काटना आसान है। क्योंकि मैं हर फल के बीज को बचाने से पहले उसका स्वाद लेता हूं, मैं भी हर फल को काट रहा हूं। यदि स्क्वैश को काटना या चबाना बहुत कठिन होता, तो मैं इसे बीज से बचाने के बजाय

खाद में डाल देता। इसलिए, रसोई में उपयोग करने के लिए स्क्वैश एक खुशी बन गया।

स्क्वैश की तरह, कस्तूरी वर्षों में बहुत अधिक रंगीन और स्वादिष्ट हो गए। जब मैंने पहली बार खरबूजे उगाना शुरू किया, तो मैंने उन्हें खरबूजा कहा, क्योंकि बीज के पैकेट ने उन्हें यही कहा था। इसे ही वे किराने की दुकान में एक जैसी दिखने वाली चीजें कहते हैं। इन दिनों, मैं उन्हें कस्तूरी कहता हूं, क्योंकि वे वैसी नहीं हैं जैसी दुकानें बिक रही हैं। मेरे खरबूजे अति सुगंधित हैं। वे जितने मीठे हैं। बनावट मुंह में पिघला हुआ नरम है। जायके मजबूत हैं। मैं उन्हें बाजार में लाने से पहले 20% फलों को खो सकता हूं। आनंदमय स्वाद और सुगंध नुकसान की भरपाई से कहीं अधिक है।

मैं कड़वा सलाद को वास्तव में नापसंद करता हूं, और इसलिए बीज को बचाने से पहले हर सलाद के पौधे का स्वाद लेना मेरा इरादा है। अगर किसी पौधे का स्वाद कड़वा होता है, तो मैं उसे काटता हूं। लेट्यूस में कड़वाहट एक जहर है। मैंने पहली बार कई सौ लेट्यूस पौधों पर यह स्वाद चखा था, मैंने खुद को बीमार कर लिया था। मैंने लेट्यूस को चखने के बारे में अधिक सावधानी बरती। केवल सबसे नन्हा स्वाद, और तुरंत बाद थूकना। आखिरकार, मुझे पता चला कि गाढ़ा दूधिया रस इस बात का संकेत है कि लेट्यूस कड़वा है। स्वाद इन दिनों कम महत्वपूर्ण है। मैं नेत्रहीन निरीक्षण कर सकता हूं।

कम तनाव

अपनी स्थानीय किस्मों को उगाकर मैं तनाव को खत्म करता हूं। मुझे बीज, जहर या उर्वरक के लिए भुगतान करने की चिंता करने की आवश्यकता नहीं है। अभिलेख या वंशावली वैकल्पिक हैं। मुझे बीजों को शुद्ध या अलग-थलग रखने की ज़रूरत नहीं है। मैं संकर से बीजों को बचा सकता हूं, और किस्मों को मिश्रित होने दे सकता हूं। जब बीज सूची मेरी पसंदीदा किस्म को छोड़ देती है, या यदि कोई किस्म का नाम या सबसे हाल की कहानी खो जाती है, तो मैं किटर से बाहर नहीं

निकलता। मुझे फसल मिलने की चिंता नहीं है। मैं आपूर्ति श्रृंखला रुकावटों के बारे में चिंता नहीं करता।

आधुनिक इनब्रेड किस्में फसल सुरक्षा के लिए सिंथेटिक रसायनों पर निर्भर हैं। स्थानीय किस्में फसल सुरक्षा के लिए आनुवंशिक परिवर्तनशीलता पर निर्भर करती हैं।

मैं पुस्तक में बाद में शुद्धता, अलगाव दूरी, और न्यूनतम जनसंख्या आकार लगाने के लिए एक अनुभाग समर्पित करता हूं। मैं यहां उन पर ज्यादा ध्यान नहीं दूंगा, यह कहने के अलावा कि आमतौर पर बागवानी किताबों में दी गई सिफारिशें पूरी दुनिया की आपूर्ति करने वाली बड़ी बीज कंपनियों के लिए हैं। जो अपने बगीचे या गांव के लिए बीज उगा रहा है, उसके लिए मानक अलग हैं।

अगर क्वीन ऐनी की लेस मेरी गाजर के बीज की फसल को दूषित करती है, तो मैं कुछ प्रतिशत अवांछित रोपों को निकाल देता हूं। कोई नुकसान नहीं किया। कोई चिंता नहीं। कोई तनाव नहीं है।

मैं रिकॉर्ड कीपिंग को कम करना चुनता हूं। मैं बीज भंडारण जार, और उगाए गए वर्ष पर विविधता के विवरण के लिए रिकॉर्ड को सीमित करता हूं। जब मैं सिस्टर लाइन्स उगाता हूं, जिन्हें खेत में अलग बताना मुश्किल होता है, तो इससे मदद मिलेगी अगर मैं एक रोपण नक्शा बनाऊं, ताकि मुझे पता चल सके कि मैं किस लाइन में विकसित हुआ हूं। मैं बगीचे की बहुत सारी तस्वीरें लेता हूं जबकि यह बढ़ रहा है। इसके अलावा, मैं रिकॉर्ड न रखकर तनाव को कम करना चुनता हूं। मेरे द्वारा वर्तमान में उगाई जाने वाली सभी किस्मों को उन बीजपालकों द्वारा विकसित किया गया था जो लिखित रिकॉर्ड नहीं रख रहे थे। मैं एक वैज्ञानिक के बजाय एक कलाकार के रूप में प्लांट ब्रीडिंग करना पसंद करता हूं। मैं पौधों के लिए गाता हूं। मैं खेतों में नाचता हूं। मैं कलात्मक तस्वीरें लेता हूं। मैं ऋतुओं, पौधों, मिट्टी और पानी का सम्मान करने के लिए त्योहारों और पार्टियों की मेजबानी करता हूं। मैं पौधों से वाद्य यंत्र बनाता हूं।

जब मैं स्वदेशी शैली में फसलें उगाता हूं, तो कुछ प्रकार के संकरों से बीजों को बचाना ठीक रहता है। संतान परिवर्तनशील हो सकती है, उन्हें

पुरुष बाँझपन जैसी आनुवंशिक समस्याएँ हो सकती हैं। मुझे उन बातों पर जोर देने की जरूरत नहीं है। मेरे पसंदीदा गुणों को चुनने के लिए बाद में बहुत समय है।

मैं किस्मों को शुद्ध रखने या उन्हें दूषित करने पर जोर नहीं देता। स्थानीय किस्मों के साथ बागवानी करते समय, चीजों को मिलाना एक गुण है।

नई किस्म प्राप्त करते समय मैं सबसे पहला काम वर्तमान नाम और नवीनतम कहानी को भूल जाना है। इससे नामों और कहानियों पर नज़र रखने का तनाव समाप्त हो जाता है। प्रत्येक पौधे को प्रत्येक पीढ़ी में अपनी वर्तमान कहानी बताते हुए खुशी हो रही है। हर किस्म की कहानी हज़ारों साल पुरानी है, हज़ारों बीज पालकों के ज़रिए। यह उन्हें बीज पैकेट पर विभिन्न नाम से जुड़ी कहानी के छोटे अंश को केवल बताने के लिए परेशान करता है।

स्थानीय किस्मों को उगाते समय मेरी फसल खराब हो जाती है। जब मैं यादृच्छिक बीज खरीद रहा था तब से वे कम बार-बार होते हैं।

कुछ फसल परिवार गर्म, शुष्क ग्रीष्मकाल में फलते-फूलते हैं। अन्य परिवार कूलर, नम गर्मियों में बेहतर करते हैं। कई परिवारों से फ़सलें उगाकर, मैं एक ही बढ़ते मौसम में हर परिवार के विफल होने के अपने जोखिम से बचाव करता हूँ।

तरबूज: स्थानीय किस्म (विशाल) बनाम वाणिज्यिक (छोटा) उसी दिन लगाया गया, कुछ फीट की दूरी पर

स्थानीय सूखी झाड़ी सेम, रोपण के लिए चयनित

4 विरासत की किस्में, संकर और स्थानीय किस्में

यह अध्याय बीज कैसे उगता है, और वाक्यांशों का क्या अर्थ है, इसका वर्णन करने के लिए उपयोग किए जाने वाले विभिन्न शब्दों की पड़ताल करता है। बीज रखने वाला संसार अक्सर शब्दों का प्रयोग ऐसे तरीकों से करता है जो उनके स्पष्ट अर्थ के विपरीत होते हैं। लोग शर्तों को अच्छाई या बुराई के मूल्य प्रदान करते हैं, और फिर बीज का उपयोग करने से इनकार करते हैं जो पूरी तरह से अद्भुत है, क्योंकि उनका मानना है कि यह बुरा हो सकता है। या वे संतों के बीज की तलाश करते हैं, यह महसूस नहीं करते कि संत अंधेरे की प्रतिक्रिया के रूप में उत्पन्न होते हैं। सभी बीज दिव्य हैं, और एक सार्वभौमिक चेतना के हैं।

हिरलूम किस्में

एक विरासत एक किस्म है जो दशकों से अत्यधिक अंतर्वर्धित है, और निरंतर अंतर्प्रजनन द्वारा बनाए रखा जाता है। हो सकता है कि यह एक परिवार या जनजाति के लिए एकदम सही किस्म हो, जो बहुत समय पहले, दूर, दूर जगह पर रहता था। चूंकि विरासत बहुत अलग जगह और समय से हैं, इसलिए आधुनिक परिस्थितियों से निपटने के लिए उनके पास अक्सर आनुवंशिक टूलकिट की कमी होती है। उनके पास एक आकर्षक कहानी हो सकती है, जो तथ्यात्मक रूप से सच हो भी सकती है और नहीं भी। कहानियां पौधे की वृद्धि, उत्पादकता या स्वाद में योगदान नहीं देती हैं। बहुत पहले और दूर से एक जन्मजात किस्म के बारे में एक कहानी समुदाय को खिलाती नहीं है। कहानियां जो एक समुदाय को खिलाती हैं, जीवन के चल रहे वेब में हमारी प्रेमपूर्ण, दिल से महसूस की जाने वाली भागीदारी के बारे में हैं, इसके सभी बदलते विन्यास में।

मुझे विरासत संरक्षण नापसंद है। यह "इनब्रीडिंग डिप्रेशन" की ओर ले जाता है, जो कि एक जीव द्वारा इनब्रेड होने का अनुभव करने वाली शक्ति का नुकसान है।

मुझे लगता है कि विरासत संरक्षण का सबसे अच्छा संभव तरीका सक्रिय रूप से फसल उगाना और बीजों को बचाना है। आनुवंशिकी को

जलवायु, कीट, किसान की आदतों और सामुदायिक प्राथमिकताओं के साथ बहने और स्थानांतरित करने की अनुमति देना है कि बीज रखने के बाद से बीज को कैसे संरक्षित किया गया है।एक पुरानी कहानी आज मेरे समुदाय को नहीं खिलाती है।एक पुरानी कहानी आज मेरे समुदाय को नहीं खिलाती है।

खुला परागण

के बारे में "खुला परागण" किस्मोंका दावा है कि आप उन लोगों से बीज को बचा सकता है, और वे एक ही अगले साल के रूप में वे पिछले साल किया था दिखेगा। खुले परागण वाली किस्में अंतःप्रजनन के माध्यम से बनी रहती हैं। वाक्यांश का भावनात्मक और सामान्य ज्ञान अर्थ यह है कि कुछ क्रॉसिंग चल रही है, जिससे आनुवंशिक विविधता हो सकती है। हालांकि, व्यवहार में, पौधों को क्रॉसिंग होने से रोकने के लिए अलग-थलग किया जाता है। लगातार अलग-थलग रहने वाली किस्में आनुवंशिक विविधता खो देती हैं। कम आनुवंशिक विविधता के कारण वे साल-दर-साल एक जैसे दिखते हैं। अगर वे पार कर रहे थे, तो वे वही नहीं रहेंगे।

मैं बहुसंख्यक-परागण, अंतर-परागण और पर-परागण शब्दों का प्रयोग करता हूँ। मैं इस बात पर जोर देना चाहता हूं कि आनुवंशिक विविधता को प्रोत्साहित किया जाता है। मैं "खुले-परागण" शब्द का उपयोग नहीं करता क्योंकि मैं "खुले-परागण" के इनब्रीडिंग मेम और स्थानीय किस्मों के साथ बागवानी द्वारा पसंद किए जाने वाले आउटक्रॉसिंग सिस्टम के बीच स्पष्ट रूप से अंतर करना चाहता हूं।

क्रॉस-परागण की दर प्रजातियों के बीच व्यापक रूप से भिन्न होती है, और यहां तक कि एक ही प्रजाति की किस्मों के भीतर भी। मैं आउटक्रॉसिंग को प्रोत्साहित करने के लिए विभिन्न किस्मों को इंटर-प्लांट करता हूं।

प्राकृतिक रूप से पाए जाने वाले क्रॉस से बीजों को दोबारा लगाने से उच्च पार-परागण दर का चयन होता है। इसी तरह, विरासत की शुद्धता को बनाए रखने से कम पार-परागण दरों का चयन होता है।

पहली पीढ़ी के संकर

हाइब्रिड तब होते हैं जब दो पौधे आपस में एक दूसरे को काटते हैं जो आपस में घनिष्ठ रूप से संबंधित नहीं हैं। बीज उद्योग दो उच्च नस्ल के माता–पिता को एक साथ लेने और उन्हें एक साथ पार करने का शौक है। इसका परिणाम अत्यधिक समान लक्षणों वाली संतानों में होता है, जो लगभग माता–पिता के लक्षणों का सम्मिश्रण होते हैं, और कभी–कभी एक माता–पिता के एक विशेष गुण के प्रमुख होने के साथ।

अगली पीढ़ी में, जीन पुनर्व्यवस्थित होते हैं, और दादा–दादी के लक्षण संतानों के बीच बेतरतीब ढंग से वितरित हो जाते हैं। यदि शुरुआती किस्में विविध थीं, तो यह पीढ़ी भी विविध है क्योंकि सम्मिश्रण लक्षण और प्रमुख लक्षण नए तरीकों से पुनर्संयोजित होते हैं।

मेगा–बीज कंपनियों द्वारा बनाए गए संकर अत्यधिक इनब्रेड लाइनों से उतरते हैं; इसलिए, विविधता का प्रकट होना वास्तविकता की तुलना में अधिक सांकेतिक है। फिर भी, मुझे व्यावसायिक संकरों की संतानों को उगाना पसंद है, क्योंकि नए फेनोटाइप और आनुवंशिक संयोजन आम हैं।

इनब्रीडिंग के कारण पौधे अपनी शक्ति खो देते हैं। कभी–कभी लोग संकर शक्ति के बारे में बात करते हैं। वे इस पर ऐसे बरसते हैं जैसे यह कोई अच्छी बात हो। इसका वास्तव में मतलब यह है कि संकर अपने उच्च नस्ल के माता–पिता की तुलना में बेहतर तरीके से बढ़ता है। इसका मतलब यह नहीं है कि संकर उन पौधों की तुलना में बेहतर होता है जो कभी पैदा नहीं हुए थे। इस घटना का एक अधिक सटीक विवरण "आंशिक रूप से अंतर्गर्भाशयी अवसाद को उलटना" है।

वाणिज्यिक संकरों द्वारा बनाए गए कुछ संकर नर रोगाणुहीन होते हैं। वे पौधे के अंगक में दोष के कारण पराग का उत्पादन नहीं करते हैं। ऑर्गेनेल केवल मां से स्थानांतरित होते हैं; इसलिए, बाँझपन स्थायी है। घटना को साइटोप्लाज्मिक पुरुष बाँझपन कहा जाता है। इसका उपयोग इसलिए किया जाता है क्योंकि यह संकर बनाने का एक सस्ता तरीका है, क्योंकि नर बाँझ फूल अंडे पैदा करते हैं लेकिन पराग नहीं, और स्व–

परागण नहीं कर सकते। सस्तेपन की कीमत चुकानी पड़ती है कि संतान स्थायी रूप से नर बांझ होती है।

कुछ मामलों में, ऐसे जीन होते हैं जो प्रजनन क्षमता को बहाल कर सकते हैं। रेस्टोरर जीन जैसी चीजों पर ध्यान देना गड़बड़ है। मैं अपने बगीचे में पूरी तरह कार्यात्मक पौधे रखना पसंद करता हूं, इसलिए, मैं नियमित रूप से अपने बगीचे में फूलों की जांच करता हूं, और उन पौधों को हटा देता हूं जिनमें पंख नहीं होते हैं, या जिनमें खराब पंख होते हैं। गाजर के फूलों पर, नर बंध्य पौधों में आमतौर पर परागकोश गायब होते हैं।

इससे पहले कि मैं साइटोप्लाज्मिक पुरुष बाँझपन के बारे में जानता था, मेरी गाजर की 70% फसल नर बाँझ थी। वे अच्छी तरह से बढ़े। उपजाऊ पौधों ने पर्याप्त पराग से अधिक उत्पादन किया। आंशिक रूप से बाँझ पौधों को उगाना अवांछनीय लगता है। हर साल मैं अपनी गाजर की फसल की जांच करता हूं और उन पौधों को काटता हूं जिनमें पंख नहीं हैं। मैं अपने बगीचे में नई किस्मों का आयात करते समय ध्यान रखता हूं।

बिना परागकोष के गाजर का फूल

स्वस्थ गाजर का फूल

निम्नलिखित प्रजातियों के वाणिज्यिक संकरों में आमतौर पर साइटोप्लाज्मिक नर बाँझपन होता है: ब्रोकोली, गोभी, मूली, प्याज, गाजर, चुकंदर और सूरजमुखी। मेरा सुझाव है कि इन प्रजातियों के व्यावसायिक संकरों को स्थानीय रूप से अनुकूलित बगीचे में शामिल नहीं किया जाना चाहिए। अतिरिक्त किस्मों को परिशिष्ट में सूचीबद्ध किया गया है।

स्वयं असंगति का उपयोग करके ब्रासिका के संकर भी बनाए जा सकते हैं। मैं सामान्य पराग उत्पादन के लिए फूलों की जांच करने के बाद उनका उपयोग कर सकता हूं।

निम्नलिखित फसलों के संकर आम तौर पर साइटोप्लाज्मिक नर बाँझपन से मुक्त होते हैं: टमाटर, ककड़ी, स्क्वैश, मक्का, तरबूज, खरबूजे और पालक।

वाणिज्यिक संकरों में एक और विशेषता यह है कि वे सिंथेटिक रसायनों और उर्वरकों पर निर्भर हो गए हैं। जैविक प्रणालियों में उगाए जाने पर वे पनपने में विफल हो सकते हैं। मैं सिर्फ अपने बगीचे में पानी डालता हूं। मैं नहीं चाहता कि मेरे संयंत्र महंगे इनपुट पर निर्भर रहें।

वाणिज्यिक संकरों के माता–पिता को महान संतान पैदा करने के लिए चुना गया है। पोते–पोतियों के महान पौधे होने की संभावना है। उन लक्षणों की पहचान करने में बहुत काम किया गया। हम उन्हें अपने स्थानीय किस्मों के बगीचों में भी शामिल कर सकते हैं, जब तक कि उनमें हानिकारक लक्षण न हों।

फ्रीलांस हाइब्रिड

मैंशब्द का उपयोगहूं "फ्रीलांस हाइब्रिड्स" तदर्थ संकरों का वर्णन करने के लिए करताजो बागवानों द्वारा मानव श्रम का उपयोग करके बनाए जाते हैं। कठोर प्रोटोकॉल का पालन किए बिना उन्हें कलात्मक रूप से बनाया जा सकता है।

छोटे पैमाने के किसान और माली के लिए, घर में उगाई जाने वाली संकर बनाना सरल उपकरणों और तकनीकों से आसानी से पूरा किया जाता है। एक पौधे से पराग को हटाकर दूसरे पौधे के वर्तिकाग्र पर लगाएं। पौधे के हिस्से छोटे हो सकते हैं। सही आवर्धक और हेरफेर उपकरण के साथ, प्रक्रिया सीधी है।

विभिन्न किस्मों के लक्षणों को एक नई किस्म में संयोजित करने के लिए स्वतंत्र संकर बनाए जा सकते हैं। उन्हें चंचलता और अन्वेषण के लिए बनाया जा सकता है। उन्हें उत्पादकता या लाभ के लिए भी बनाया जा सकता था। मैं इस अध्याय में बाद में कुछ उदाहरण देता हूं।

जब हम मैनुअल फ्रीलांस हाइब्रिड बनाते हैं, तो हम विविधता और स्थानीय अनुकूलन बढ़ाते हैं।

हम प्रजातियों के भीतर और बीच में स्वतंत्र संकर बना सकते हैं। यह अध्याय मेरे कुछ व्यक्तिगत पसंदीदा का वर्णन करके समाप्त होता है।

पादप जीव विज्ञान अस्पष्ट है। औद्योगीकृत मनुष्य चीजों को काला और सफेद पसंद करते हैं। जैविक दुनिया बारीक है। जीव विज्ञान के हर पहलू के आसपास ग्रे के कई रंग हैं। यह विशेष रूप से तब स्पष्ट होता है जब हम आनुवंशिक रूप से विविध माता–पिता से संकर बनाने के साथ खेलते हैं।

प्रोमिससियस हाइब्रिड्स

मैं अपने द्वारा उगाई जाने वाली किस्मों में क्रॉस परागण को प्रोत्साहित करता हूं। इसका मतलब है कि विभिन्न भौतिक विशेषताओं, या फेनोटाइप के साथ किस्मों को अंतःस्थापित करना, ताकि वे अधिक आसानी से पार कर सकें। मेरे पास डीएनए प्रयोगशाला नहीं है। मुझे नहीं पता कि मेरी फसलों में क्या आनुवंशिकी है। अगर मैं अलग–अलग फेनोटाइप से बीज लगाता हूं, तो मुझे लगता है कि मुझे आनुवंशिक विविधता मिल रही है। मकई, खीरा, और पालक जैसी फसलों को पार करने में, यह उनका स्वभाव है कि वे बहुरूपी हों।।

टमाटर, मटर, सन, सलाद, अनाज, और आम सेम ज्यादातर प्रजनन में हैं और कई संकर पैदा नहीं करते हैं। मौसम, कीट आबादी और विविधता के आधार पर क्रॉस–परागण दर लगभग 0.5% से 10% है। शुद्धता और इनब्रीडिंग के लिए चयन ने अनजाने में इन कम क्रॉसिंग दरों में योगदान दिया। परिशिष्ट में आम प्रजातियों के लिए पार–परागण दरों की एक सूची है।

जब भी उनके बीच कोई दुर्लभ प्राकृतिक संकर दिखाई देता है, तो मैं उन्हें बगीचे में एक विशेष स्थान देता हूं। संकरों की संतानों को रोपने से उन पौधों को खोजने के अधिक अवसर मिलते हैं जो वास्तव में मेरे बगीचे में पनपते हैं। यदि मैं प्राकृतिक रूप से पाए जाने वाले संकरों से

बीज बोता हूं, तो मैं ऐसे पौधों का चयन कर रहा हूं जिनके पास अपने साथियों की तुलना में पार करने की अधिक संभावना है।

अधिकांश गेहूँ के पौधे परागकोषों को हवा के संपर्क में नहीं लाते हैं, लेकिन मैं देखता हूँ कि कुछ गेहूँ के पौधे फूल के बाहर कई परागकोशों के साथ हैं। मैं तेजी से उच्च आउटक्रॉसिंग का विकल्प चुन सकता हूं यदि मैं खुले परागकोषों के साथ पौधों को चिह्नित करता हूं, और अधिमानतः उन बीजों को दोबारा लगाता हूं।

सलाद पत्ता: जंगली (बाएं), संकर (मध्य), घरेलू (दाएं)

आउटक्रॉसिंग को प्रोत्साहित करने के लिए, मैं टमाटर के फूलों को भी देखता हूं, और सबसे खुले फूलों वाले फूलों को फिर से लगाता हूं।

स्वाभाविक रूप से संकरित पौधों की संतानों को उनके आनुवंशिकी को पुनर्व्यवस्थित किया जाता है, जिससे पौधे को पारिस्थितिकी तंत्र, किसान और समुदाय से बेहतर तरीके से निपटने के तरीके सीखने के अधिक अवसर मिलते हैं।

मेरे परदादा, जेम्स लॉफ्ट-हाउस ने अपने गेहूं के खेत में प्राकृतिक रूप से पाए जाने वाले संकर की खोज की। उन्होंने इससे बीज को बचाया, बीज बढ़ाने के लिए इसे अपने किचन गार्डन में उगाया। उन्होंने इसे लगभग 1890 में सार्वजनिक रूप से जारी किया। आखिरकार यह उत्तरी यूटा और दक्षिणी इडाहो में सबसे व्यापक रूप से लगाया जाने वाला गेहूं बन गया। मैं अभी भी "लॉफ्ट-हाउस गेहूं" उगाता हूं। मेरे परिवार को अभी भी उस सद्भावना से लाभ होता है जो उत्पन्न हुई थी क्योंकि जेम्स ने एक संकर से बीज लगाए और हमारे परिवार का नाम परिणामी स्थानीय किस्म से जोड़ा।

जेम्स लॉफ्ट-हाउस

परागण की अत्यधिक स्थानीयकृत प्रकृति के कारण, मैं विभिन्न किस्मों को एक-दूसरे के करीब लगाकर प्राकृतिक संकरों के निर्माण को प्रोत्साहित करता हूं। जब मैं सूखी झाड़ी की फलियाँ लगाता हूँ, तो मैं उन्हें उखड़ कर रोप देता हूँ। क्रॉसिंग दर 200 में 1 जितनी कम हो सकती है। मुझे हर साल नए क्रॉस मिलते हैं, क्योंकि निकट अंतर है, और क्योंकि मैं उन्हें ढूंढ रहा हूं।

विरासत किसान की किस्में

एक आनुवंशिक रूप से विविध, विशिष्ट रूप से परागण करने वाली स्थानीय किस्म सभी दुनिया के सर्वश्रेष्ठ को जोड़ती है, स्थानीय अनुकूलन को बनाए रखते हुए स्थानीय अनुकूलन और बढ़ती अंतर-परागण वाली फसलों की भावनात्मक संतुष्टि को बनाए रखते हुए, स्थानीय रूप से अनुकूलित माता-पिता के बीच नए संकर बनाती है।

जब लोग पूछते हैं कि क्या मेरी फसलें विरासत हैं, तो मैं नहीं कहता, क्योंकि इसका मतलब है कि वे 50 वर्षों से अंतर्ग्रहण कर रहे हैं। मैं अपनी फसलों को "विरासत की किस्में" कहता हूं। इसका तात्पर्य यह है कि फसलें उसी तरह बढ़ती हैं जैसे लोग हमेशा फसल उगाते हैं।

मेरे सामने किसानों की पीढ़ियों की तरह, मैं अपने खेतों में एक बार पतझड़ में, और एक बार वसंत में रोपण से ठीक पहले। मैं वर्तमान में एक एकड़ में तीन-चौथाई खेती करता हूं। मेरे पास जमीन नहीं है। मैं अपने समुदाय में जो भी क्षेत्र उपलब्ध हैं, उसका उपयोग करते हुए, मैं खाली जगह पर उगता हूं। एक समय में, मैं कई समुदायों में आठ खेतों में फैली चार एकड़ में खेती कर रहा था, जिससे मुझे अलगाव के बहुत सारे विकल्प मिले। मैं गर्मियों के सबसे गर्म हिस्से के दौरान 12 सप्ताह तक सिंचाई करता हूं। मैं सूखा सहिष्णुता के लिए नहीं, केवल शुष्क रेगिस्तानी हवा और तेज धूप के प्रति सहिष्णुता के लिए चयन कर रहा हूं।

बहुत सारे खरपतवार उगाने से मिट्टी की उर्वरता बनी रहती है, जो उस मिट्टी में वापस आ जाती है जहाँ वे उगते थे। मैं बीज पैदा करने वाली फसलों को भरपूर जगह देने के लिए अलग-अलग पंक्तियों में

रोपता हूं। अधिकांश प्रजातियों के लिए, मैं 10 से 50 फीट लंबी पंक्तियों को लगाता हूं। मैं लगभग 150 से 500 पंक्ति फीट मकई, बीन्स और स्क्वैश लगाता हूं। बड़े पौधे इसलिए हैं क्योंकि वे मेरे समुदाय के लिए मुख्य फसलें हैं।

उदाहरण

कुछ संकर पौधों की प्रकृति के कारण दूसरों की तुलना में बनाना आसान होता है। मकई और स्क्वैश प्रति मैन्युअल परागण में सैकड़ों बीज पैदा करते हैं। नर और मादा फूल अलग-अलग होते हैं, जिससे पराग को मैन्युअल रूप से स्थानांतरित करना आसान हो जाता है।

गरबानो बीन्स प्रति प्रयास परागण में एक या दो बीज पैदा करते हैं। नर और मादा भाग एक ही छोटे फूल में होते हैं, और एक साथ बंद होते हैं, जिससे गारबानो बीन्स के साथ संकर पैदा करना मुश्किल हो जाता है।

मक्का

कॉर्न हाईब्रिड बनाने में बेहद आसान हैं। उन्हें अलग-अलग किस्मों को एक साथ लगाकर बनाया जा सकता है, और फिर पराग छोड़ने से पहले मादा माता-पिता से लटकन खींचकर। टैसल डरपोक हैं। मैं दोनों तरफ और दोनों दिशाओं से पंक्ति पर चलकर डी-टैसल करना पसंद करता हूं, और बार-बार दोहराता हूं। मैं दो से पराग दाताओं की प्रत्येक पंक्ति के लिए मातृ पौधों कीचार पंक्तियाँ लगाता हूँ।

मुझे पुराने ज़माने के स्वीट कार्न के बेहतरीन स्वाद और विश्वसनीयता को शक्कर की बढ़ी हुई विशेषता के साथ मिलाना पसंद है। मैं इसे अपने गांव के बाद जन्नत कहता हूं। मीठे मकई को उगाना मेरे लिए मुश्किल है, क्योंकि बीज ठंडी वसंत मिट्टी में सड़ जाते हैं। पुराने जमाने की स्वीट कॉर्न मज़बूती से अंकुरित होती है और तेज़ी से बढ़ती है। मैं माँ के रूप में पुराने जमाने के स्वीट कॉर्न एस्ट्रोनॉमी डोमिन का उपयोग करता हूं, और पराग दाता पिता के रूप में हू गेट्स किस या एम्ब्रोसिया जैसे मीठे मकई को बढ़ाता हूं। जन्नत की संतानों को माता का मजबूत बीज-कोट, और पिता से अतिरिक्त मिठास विरासत में मिलती है। संकर की परिपक्वता के

दिन पराग दाता को चुनकर बदल सकते हैं जिसमें परिपक्वता के लिए अधिक या कम दिन होते हैं। माता–पिता की परिपक्वता तिथियों के बीच में संतान परिपक्व होती है।

जब मैं संकर उपलब्ध कराता हूं, तो मैं माता–पिता की पहचान को स्वतंत्र रूप से प्रकाशित करता हूं। अगर लोग बीज को पसंद करते हैं, तो वे या तो इसे बड़ी मात्रा में अपने लिए फिर से बना सकते हैं, या मुझसे कम मात्रा में खरीद सकते हैं। मकई के पौधे के लिए लगभग 600 बीज पैदा करना आम बात है। संकर मकई के खेत में बोने के लिए पर्याप्त बीज पैदा करना आसान है।

पालक

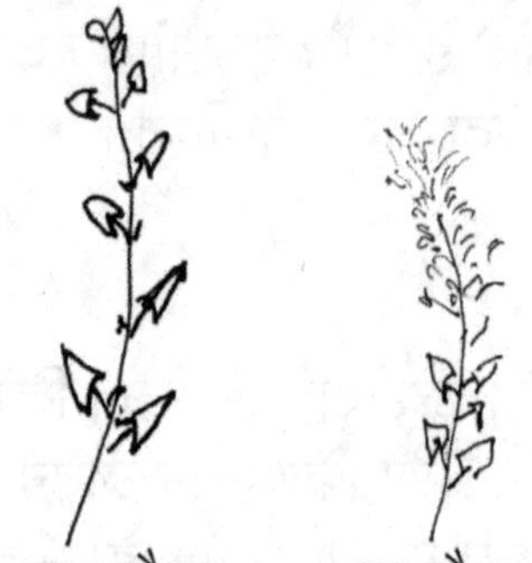

फूलने वाला पालक

फ्रीलांस पालक संकर आसान हैं। प्रजाति नर पौधों और मादा पौधों का उत्पादन करती है, और हवा से परागित होती है। संकर बनाने के लिए दो किस्मों को साथ–साथ रोपें। नर पौधों को फूल आने से पहले एक किस्म से काट लें। उस किस्म के मूल पौधों के बीज अंतर–किस्म के संकर होते हैं। दूसरी किस्म शुद्ध रहती है।

नर पालक के पौधों में उनके छोटे आकार के आधार पर भेद करें। नर फूल मुरझाए दिखते हैं, और पौधे के शीर्ष पर हवा में लहराते हैं। मादा पौधे बड़े होते हैं। गैर–वर्णित मादा फूल पौधे पर कम और तने के करीब होते हैं।

स्क्वैश

स्क्वैश संकर बनाना आसान है, क्योंकि बड़े फूलों के साथ काम करना आसान होता है, और फूल या तो नर या मादा होते हैं।

फूलों को क्लिप से सील करें या शाम को खुलने से पहले टेप करें। मादा फूलों में पहले से ही एक छोटा सा फल लगा होता है। फूलों को बंद

रखने से कीड़ों को पराग फैलाने से रोकता है। सुबह के समय नर फूल का इस्तेमाल मादा फूल पर पराग लगाने के लिए करें। कीड़ों को दूर रखने के लिए फूल को बंद कर दें। पेडुनकल को रिबन बांधकर फल को चिह्नित करें।

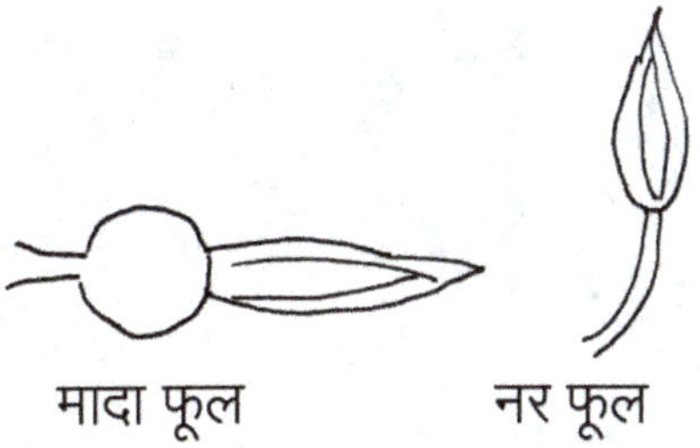

कद्दू के फूल

मुझे वास्तव में हबर्ड और केले के बीच का फ्रीलांस हाइब्रिड पसंद है। पादप प्रजनन परियोजना के रूप में, दूसरी पीढ़ी हर संभव संयोजन में दादा–दादी के लक्षणों को जोड़ती है। पौधों के प्रजनन की खोज शुरू करने के लिए असमान माता–पिता के साथ शुरुआत करना एक अद्भुत रणनीति है। आप जो प्यार करते हैं उसके लिए चुनें।

स्क्वैश संकर बनाने का एक और तरीका है कि नर फूलों को लगातार हटा दिया जाए, ताकि सभी पराग अन्य पौधों से आ सकें।

माता–पिता के साथ हाइब्रिड स्क्वैश

5 स्थानीय किस्में बनाना

आधुनिक स्थानीय किस्में या तो कई किस्मों के बीच प्रारंभिक मास क्रॉस बनाकर या समय–समय पर नए आनुवंशिकी जोड़ने की धीमी और क्रमिक प्रक्रिया से उत्पन्न होती हैं।

प्रजनन प्रयास शुरू करने के लिए, मैं मुख्य रूप से विरासत और खुले परागण वाली किस्मों का उपयोग करने की सलाह देता हूं। कुछ संकर स्वीकार्य हैं।

आनुवंशिक रूप से विविध किस्म को कहीं और से आयात करना बहुत कम खर्च के साथ बहुत विविधता का परीक्षण करने का एक शानदार तरीका है। मेरी सूखी झाड़ी की फलियों के 100–बीज वाले पैकेट में, 40 अलग–अलग प्रकार हो सकते हैं। कुछ परिवार जहां कहीं भी लगाए जाते हैं, उनके पनपने की संभावना होती है।

शुरुआती बीजों को स्थानीय या क्षेत्रीय रूप से अनुकूलित नहीं किया जा सकता है। वे अभी भी आनुवंशिक विविधता का एक मूल्यवान स्रोत हो सकते हैं। कुछ बीज कंपनियां मिश्रित किस्मों की पेशकश करती हैं, उदाहरण के लिए एक ही बीज पैकेट में मूली की 5 किस्में। स्थानीय किस्म में विविधता जोड़ने का यह एक सस्ता तरीका है। बीज स्टॉक के रूप में उपयोग किए जाने पर किराने की दुकान से 15–बीन सूप मिश्रण एक अद्भुत मूल्य है।

पड़ोसियों और स्थानीय किसानों द्वारा उगाए गए बीज एक खजाना हैं। वे हमारी परिस्थितियों के अनुकूल होने में कम से कम एक साल आगे हैं। मुझे एक स्थानीय किसान के बाजार से प्राप्त बीज पसंद हैं जहां किसान केवल अपने खेत में उगाई गई सब्जियां बेच सकते हैं।

साइटोप्लाज्मिक नर बाँझपन के कारण, मैं अनुशंसा करता हूं कि गाजर, गोभी, ब्रोकोली, प्याज, चुकंदर और आलू के लिए स्थानीय किस्मों के निर्माण में संकर का उपयोग न करें। निम्नलिखित प्रजातियां संकर के रूप में उपयोगी हैं: पालक, तरबूज, स्क्वैश और टमाटर। मैं उन पौधों को तोड़ने के लिए नियमित जांच की सलाह देता हूं जिनमें पंख नहीं होते हैं।

परिशिष्ट में एक तालिका है जो प्रजातियों को इस आधार पर रैंक करती है कि वे स्थानीय किस्मों के साथ बागवानी में कितनी आसानी से परिवर्तित हो जाती हैं, और नोट करती हैं कि क्या पुरुष बाँझपन विशेष प्रजातियों में आम है।

ग्रेक्स

एक ग्रेक्स एक साथ उगने वाली किस्मों का एक समूह है। ग्रेक्स बनाने के लिए, विभिन्न स्रोतों और किस्मों से लगभग समान मात्रा में बीज बोएं। मूल मास क्रॉस बनाने के लिए 5–50 किस्मों के बीजों को एक साथ लगाना आम बात है, जिसे ग्रेक्स कहा जाता है।

समय के साथ, एक ग्रेक्स एक नई स्थानीय किस्म बन जाता है। जनसंख्या प्रत्येक बगीचे और प्रत्येक क्षेत्र में योग्यतम, और किसान–निर्देशित चयन के अस्तित्व से रहती है। मेरे शुष्क, धूप, उच्च ऊंचाई वाले बगीचे में पनपने के लिए चुनी गई स्थानीय किस्में अलग–अलग मिट्टी, कीड़े, बीमारियों और खेती के तरीकों के साथ दूर के मौसम में पैदा होने वाले ऑफ–द–शेल्फ बीजों की तुलना में बहुत बेहतर होती हैं।

मेरे बगीचे में लगभग 75% से 95% नई विदेशी किस्मों का बीज पैदा करने में विफल होना आम बात है।

संस्करण 2 (बाईं ओर)
संस्करण 3 (दाईं ओर)

वृद्धिशील परिवर्तन

स्थानीय किस्में धीरे–धीरे उत्पन्न हो सकती हैं, इस वर्ष जो कुछ भी बचता है उससे बीजों को बचाकर और एकत्रित बीजों को लगाकर, फिर अगली पंक्ति में एक नई किस्म लगाकर। यदि नई

किस्म अच्छी तरह से विकसित होती है, तो इसके बीजों को स्थानीय किस्म में जोड़ें।

स्थानीय किस्में आकस्मिक पार-परागण से शुरू हो सकती हैं। इससे पहले कि मैं स्थानीय किस्मों के बारे में जानता, मेरे बर्गेस बटरकप में एक ऑफ-टाइप स्क्वैश दिखाई दिया। फल हमेशा गहरे हरे रंग के होते थे। एक नारंगी फल दिखाई दिया। शायद यह लाल कुरी के साथ स्वाभाविक रूप से होने वाली संकर थी। मुझे लाल कुरी का स्वाद पसंद नहीं है, न ही कम उत्पादकता। नई संकर अद्भुत लग रही थी। इसका स्वाद लाजवाब था। यह उत्पादक था। इसके बारे में क्या प्यार नहीं है? इसलिए, मैंने नए हाइब्रिड बटरकप से बीज लगाए और बर्गेस लगाना बंद कर दिया। मैंने इसे लोफहाउस बटरकप (मेरे बटरकप का संस्करण 2) कहा।

कुछ साल बाद, होपी व्हाइट कई सौ फीट दूर बटरकप में घुस गया। इसने हल्की त्वचा के लिए जीन का योगदान दिया। मैंने शानदार बटरकप स्वाद और बटरकप आकार के लिए फिर से चुना। मैंने अधिमानतः नए रंगों के लिए बीज लगाए। मैंने इसे कोई नया नाम नहीं दिया, मैं इसे लोफहाउस बटरकप (संस्करण 3) कहना जारी रखता हूं।

मेरा पॉपकॉर्न एक सादे पीले पॉपकॉर्न, और एक सजावटी बहु-रंगीन आटा मकई के बीच एक प्राकृतिक क्रॉस के रूप में उत्पन्न हुआ। मुझे पॉपकॉर्न में बहुरंगी गुठली बहुत पसंद है। यह एक क्रॉस है जिसे मैं जानबूझकर नहीं बनाऊंगा, क्योंकि इसे महान पॉपिंग के लिए फिर से चुनने के लिए बहुत प्रयास करना पड़ा।

यह आसान है अगर मैं उन लक्षणों का परिचय नहीं देता जिन्हें बाद में समाप्त करना होगा। मैं मीठी मिर्च के बगल में गर्म मिर्च नहीं उगाने के लिए सावधान हूँ। कुछ गर्म मिर्च मेरे स्थान पर अच्छी तरह से उगते हैं। मीठी मिर्च के साथ उन्हें पार करना वास्तव में फायदेमंद हो सकता है, और फिर मीठे, गैर-गर्म मिर्च के लिए फिर से चयन करें। मैं अतिरिक्त काम नहीं बनाना चाहता।

स्थिरता

समान आकार और आकार वाले खरबूजे

मुझे बहुरंगी और बहु–आकार के फल पसंद हैं। मुझे पुराने दोस्तों का आराम भी पसंद है। जब मैंने एक क्रुकनेक स्क्वैश स्थानीय किस्म बनाई, तो मैंने क्रूकनेक की लगभग एक दर्जन किस्मों को शामिल किया। उनमें से एक आश्चर्यजनक रूप से विविध लांग आईलैंड बीज परियोजना से था। मेरे विचार का सामना करने से बहुत पहले केन एटलिंगर आनुवंशिक रूप से विविध अंतर–परागण वाली फसलें बना रहे थे।

मैं चाहता हूं कि मेरा पीला बदमाश बिल्कुल पीला हो, और पूरी तरह से टेढ़ा–मेढ़ा हो, जैसे बचपन से। मुझे परवाह नहीं है कि पत्तियां कैसी दिखती हैं, या अगर पौधे झाड़ी के बजाय अर्ध–पंख वाले हैं। मैं उन लक्षणों के लिए चयन करता हूं जिन्हें मैं महत्व देता हूं, और बाकी सब कुछ परिवर्तनशील होने देता हूं।

मेरे कस्तूरी खरबूजे जालीदार त्वचा और नारंगी मांस के लिए चुने गए हैं। वे हनीड्यू खरबूजे जैसी ही प्रजातियां हैं, जिनकी चिकनी त्वचा और हरा मांस होता है। मुझे पारंपरिक दिखने वाले कस्तूरी की पुरानी यादें चाहिए। मैं हरे–मांस वाले खरबूजे एक अलग खेत में उगाता हूं, ताकि उन्हें पार करने से रोका जा सके।

येलो क्रूकनेक स्क्वैश

मैं शलजम को "बैंगनी टॉप, व्हाइट ग्लोब" के रूप में रखता हूं। मुझे शलजम के अन्य रंग जोड़ने में कोई दिलचस्पी नहीं है।

बैंगनी शीर्ष सफेद ग्लोब शलजम

मेरी स्थानीय किस्मों में उतनी ही स्थिरता हो सकती है, जितनी मुझे पसंद हो। मैं आमतौर पर विविध फेनोटाइप चुनता हूं। कभी–कभी मैं स्थिरता को महत्व देता हूं।

मकई के साथ, मैंने मकई की सैकड़ों किस्मों को एक साथ पार किया: दक्षिण अमेरिका से दौड़, उत्तरी अमेरिका से विरासत, पॉपकॉर्न, स्वीट कॉर्न, फ्लिंट कॉर्न, आटा मकई। फिर मैंने उनमें से प्रत्येक प्रकार के लिए फिर से चयन किया। इन दिनों अगर मैं अपने पैच में आटा मकई जोड़ता हूं, तो मैं इसे केवल आटा मकई में जोड़ता हूं। मैं नरम–कर्नेल आटा मकई फेनोटाइप के आसपास केंद्रित स्थिरता रख रहा हूं।

रिकॉर्ड कीपिंग

एक रणनीति जो मेरे लिए वास्तव में अच्छी तरह से काम करती है, वह है एक वैज्ञानिक के बजाय एक कलाकार के रूप में बीज बचत करना। मैंने दशकों तक एक विश्लेषणात्मक रसायनज्ञ के रूप में काम किया। मैंने विस्तृत, सावधानीपूर्वक रिकॉर्ड रखे। मैंने वैज्ञानिक मानसिकता के साथ पौधों का प्रजनन शुरू किया।

प्रत्येक फसल ने प्रति वर्ष सैकड़ों बीज पैकेट, और नोटों और तस्वीरों के कई पृष्ठ उत्पन्न किए। यह भारी और हतोत्साहित करने वाला था। जब मुझे एहसास हुआ कि मैं बढ़ने से ज्यादा समय रिकॉर्ड रखने में लगा रहा हूं, तो मैंने तुरंत रिकॉर्ड रखना बंद कर दिया। इन दिनों, एक फसल के सभी बीज एक ही जार में जाते हैं। बीज के सैकड़ों पैकेट प्रति फसल बीज की एक बोतल बन गए। इससे बगीचे में गाने, नाचने और

खेलने का समय मिल जाता था। एक कलाकार के तौर पर मुझे प्लांट ब्रीडिंग करने में मजा आता है।

एक बीज सम्मेलन में, एक मित्र के पास मेज पर 1000 प्रकार की फलियाँ थीं। प्रत्येक किस्म को सावधानी से एक अलग कंटेनर में अलग किया गया था। उसने मुझे चिढ़ाते हुए कहा, "यूसुफ भी 1000 प्रकार की फलियाँ लाया।" मैंने 1000 किस्मों की फलियों से भरा एक मेसन जार रखा, जो एक साथ मिला हुआ था। मैं उन्हें एक साथ लगाता, उगाता, काटता और पकाता हूं। कुछ पकाए जाने पर दृढ़ रहते हैं। अन्य एक समृध्द शोरबा बनाने के लिए नरम होते हैं। लक्षणों का एक रमणीय संयोजन।

बीन्स आमतौर पर स्व–परागण करते हैं। किसी भी प्रकार को बाकियों से अलग किया जा सकता है और आसानी से एक कल्टीवेटर में परिवर्तित किया जा सकता है।

मेरे द्वारा उगाई जाने वाली फ़सलें मुख्य्य रूप से उन लोगों द्वारा पालतू बनाई जाती थीं जो न तो पढ़ सकते थे और न ही लिख सकते थे। जब मैं रिकॉर्ड नहीं रखता, तो मैं कृषि से भी पुरानी परंपरा में शामिल हो जाता हूं।

मुझे नामों और कहानियों से लगाव छोड़ कर खुशी होती है। यह मुझे बीजों से व्यक्तिगत, अंतरंग संबंध रखने के लिए मुक्त करता है। यह मुझे प्रत्येक पौधे का अपने गुणों के आधार पर अधिक ईमानदारी से मूल्यांकन करने में मदद करता है, क्योंकि मैं नामों या कहानियों से पक्षपाती नहीं हूं। हर रिश्ता हर पीढ़ी में ताजा और नया होता है।

बीज विनिमय

अदला–बदली बीज अदला–बदली स्थानीय किस्मों में आनुवंशिक विविधता जोड़ने का एक सस्ता तरीका है। मैं विशिष्ट किस्मों के विशिष्ट लक्षणों के बारे में ज्यादा परवाह नहीं करता। मैं आनुवंशिक विविधता चाहता हूं। तब पौधे और पारिस्थितिकी तंत्र योग्यतम चयन की उत्तरजीविता करते हैं। मुझे मैदा के मकई के साथ स्वीट कॉर्न मिलाना पसंद नहीं है। इस तरह के व्यापक दिशानिर्देशों के भीतर, मेरी स्थानीय

किस्मों में अपने जीन को जोड़ने का प्रयास करने के लिए किसी भी प्रकार के बीज का स्वागत है।

बीज विनिमय

मैं प्रत्येक नई किस्म के केवल 10 बीज ही लगा सकता हूं। मैं 5 से 100 किस्में लगा सकता हूं। मैं बचे हुए बीज के बहुत सारे पैकेट के साथ समाप्त होता हूं। मैं अक्सर खुले हुए पैकेटों को सीड स्वैप में उपहार में देता हूं, या उन्हें किसी और चीज के लिए एक्सचेंज करता हूं।

लोग मुझे अवांछित बीजों के उपहार भेजते हैं। वे मुझे 1000 बीज भेजते हैं जब मैं केवल एक दर्जन पौधे लगाना चाहता हूं। मैं जितना उगा सकता हूं उससे कहीं अधिक बीज प्राप्त करता हूं। वे स्थानीय रूप से अनुकूलित नहीं हैं। वे मेरी बढ़ती परिस्थितियों से बचने की संभावना नहीं रखते हैं। मैं उन्हें बाहर फेंकना पसंद नहीं करता, क्योंकि जीवन अनमोल है। कई बार, मैं उन बीजों को अदला-बदली पर उपहार में देता हूं।

एक और तरीका है कि मैं स्वैप से अतिरिक्त बीजों से निपटता हूं, बीज पैकेट खोलना, और उन्हें एक जार में डंप करना है। कभी प्रजातियों के आधार पर तो कभी कई प्रजातियां एक साथ ढल जाती हैं। फिर मैं उस बीज की एक चुटकी एक खेत में लगाता हूं, यह देखने के लिए कि क्या कुछ अद्भुत दिखाई देता है। मैं इसे खेत के गैर-खेती वाले क्षेत्रों में बिखेर सकता हूं। कभी-कभी एक प्रजाति स्थापित हो जाती है, या प्रजनन करती है। यह मेरी स्थानीय किस्मों में से एक में जोड़ा जा सकता है।

लोग मुझे बहुत सारे घर में उगाए गए बीज भेजते हैं। कभी-कभी उन्हें "क्रॉस-परागण हो सकता है" के रूप में सूचीबद्ध किया जाता है। मुझे इस प्रकार के आदान-प्रदान पसंद हैं! एक बीज पैकेट में जितने अधिक प्रकार के माता-पिता होते हैं, उतने ही अधिक अवसर एक परिवार समूह को खोजने के लिए होते हैं जो फलता-फूलता है।

जेनिफर की रनर बीन्स

अगर मुझे "स्थानीय किस्म" लेबल वाला बीज मिलता है तो खुश, खुश, खुशी, खुशी। हालांकि यह स्थानीय रूप से मेरे बगीचे के अनुकूल नहीं हो सकता है, लेकिन इसमें जबरदस्त आनुवंशिक विविधता हो सकती है। कुछ परिवार स्थानीय पारिस्थितिकी तंत्र से खुश हो सकते हैं, और उपयोगी आनुवंशिकी प्रदान कर सकते हैं। मैंने सफलता के बिना कई वर्षों तक रनर बीन्स लगाए, जब तक कि होली ड्यूमॉन्ट ने मुझे आनुवंशिक रूप से विविध रनर बीन्स का एक पैकेट नहीं भेजा। उनमें से लगभग 20% बच गए और बीज बन गए। स्थानीय किस्म धावक बीन प्रजनन परियोजना शुरू करने के लिए यह पर्याप्त था।

रनर बीन्स मेरे लिए कीमती हैं, क्योंकि जब मैं लगभग चार साल का था, तब वे मेरे दादाजी के साथ पहली बीज फसल थी।

नेबरहुड एक्सचेंज

स्थानीय किस्में उस समुदाय के साथ गहराई से जुड़ी हुई हैं जिसमें वे बढ़ते हैं। मुझे स्थानीय पड़ोसियों के साथ व्यापार करना अच्छा लगता है। मैं एक प्रकार की सूखी बीन को दूसरे के लिए स्वैप कर सकता हूं। मेरे डैडी ने दशकों से चार्ल्सटन ग्रे तरबूज उगाया है। यह उसके बगीचे में फलता-फूलता है। मैं अक्सर उससे बीज मांगता हूं।

प्रत्येक सर्दियों में, मैं अपने नियमित व्यापारिक भागीदारों से मिलने जाता हूं। हम नोटों की तुलना करते हैं और बीजों की अदला-बदली करते हैं। मैं स्थानीय बीज किसान के बाजार में ले जाता हूं। मेरे द्वारा उगाई जा रही किसी चीज़ का व्यापार करने के लिए लोग अपने बगीचों से बीज लाते हैं। मुझे इस तरह का व्यापार बहुत पसंद है। मेरे पड़ोसियों

द्वारा उगाई जाने वाली स्थानीय रूप से अनुकूलित किस्में दूर के उत्पादकों के बीजों की तुलना में बेहतर प्रदर्शन करती हैं।

मैं उन लोगों के साथ नियमित रूप से बीज का आदान–प्रदान करता हूं जो स्थानीय किस्मों पर काम कर रहे हैं और जो मेरे जैसे पारिस्थितिक तंत्र में रहते हैं। वे मुझे जो कुछ भी भेजेंगे, मैं उसे लगाऊंगा। हमारा सहयोग का इतिहास रहा है।

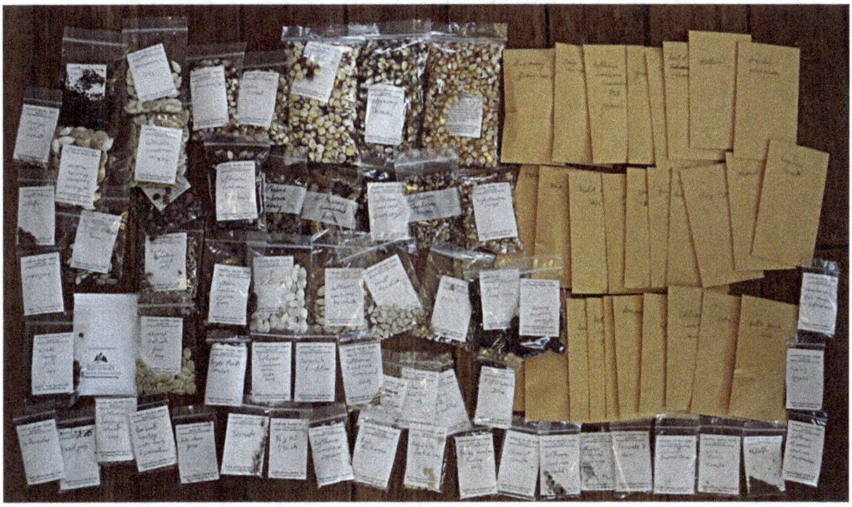

नेबरहुड एक्सचेंज

इस प्रकार की पारस्परिक सहायता बीज बंटवारा स्थानीय किस्मों के साथ बागवानी के मूल में है। एक व्यक्ति स्थानीय किस्म को बनाए रख सकता है। यह बहुत बेहतर है जब इसे एक समुदाय द्वारा बनाए रखा जाता है।

बीज पुस्तकालय

संरक्षक कभी–कभी नाराजगी व्यक्त करते हैं। "क्या होगा अगर लोग जो बीज वापस लाते हैं वे दूषित हो गए हैं? क्या होगा अगर वे शुद्ध नहीं हैं?"

मेरे लिए, यह कुछ ऐसा होगा जो पुस्तकालय का एक क़ीमती गुण होना चाहिए, न कि डरने की बात। स्थानीय रूप से अनुकूलित बीज पुस्तकालय में होना बहुत अच्छी बात है!

आनुवंशिक रूप से विविध स्थानीय फसलों के बारे में मेरी रणनीति लोगों को जो कुछ मिल रहा है उसके बारे में पूर्ण प्रकटीकरण प्रदान करना है। मैं एक समान, विशिष्ट, और न ही स्थिर बीज की पेशकश नहीं करता, और मैं इसे स्पष्ट रूप से और अक्सर कहता हूं। मैं जैव विविधता, और स्थानीय अनुकूलन प्रदान करता हूं।

बढ़िया स्वाद वाले लिली के फूल

तोरी: गर्मी या सर्दी स्क्वैश

6 नए तरीके और फसलें

स्थानीय किस्मों के साथ पौधों के प्रजनन का जादू यह है कि हम आनुवंशिकी के लिए चयन करने में सक्षम होते हैं जो हमारी आदतों और काम करने के तरीके के साथ काम करते हैं। हमें उसी तरह से फसल नहीं उगानी है जैसे वे हमेशा उगाई जाती हैं। हम पौधे के विभिन्न भागों को खा सकते थे। हम उन्हें साल के अलग–अलग समय पर उगा सकते थे। हम ऐसे पौधों का चयन कर सकते हैं जो किसान की आदतों और काम करने के पसंदीदा तरीके के अनुकूल हों।

मुझे पता था कि लाल फली वाले मटर सैद्धांतिक रूप से संभव थे। बिक्री के लिए लाल फली वाले मटर के बीज नहीं थे। इसलिए, मैंने उन्हें पीले–फली वाले मटर को बैंगनी–फली वाले मटर के साथ मैन्युअल रूप से पार करके बनाया। संतानों का एक छोटा प्रतिशत लाल रंग का था। अगर मैं इस परियोजना को फिर से बनाना चाहता हूं, तो मैं माता–पिता का चयन अधिक सावधानी से करूंगा, ताकि बाहरी लक्षणों को कम किया जा सके। उदाहरण के लिए, मैं उन माता–पिता को चुनूंगा जो दोनों हिम मटर हैं।

अनजाने में चयन

पौधों को उगाना और बीजों को बचाना अनजाने में या जानबूझकर उस आबादी के लिए चयन करना है जो उनके द्वारा अनुभव की गई बढ़ती परिस्थितियों के तहत पनपती है। हम जो चाहते हैं उसे देने के लिए हम जानबूझकर आबादी को ढाल सकते हैं। हम इसे पंख लगा सकते हैं और केवल अनजाने में चयन प्राप्त कर सकते हैं। कई घरेलू फसलों की अंतःप्रजनन प्रकृति आंशिक रूप से क्रॉस–परागण के खिलाफ किसान के अनजाने चयन के कारण होती है।

एक पौधेकीआनुवंशिकी उसे अपने पर्यावरण से मुकाबला करने के बारे में बुद्धि देती है। अपने पसंदीदा तरीकों का उपयोग करके उन्हें उगाकर, हम उन पौधों का चयन कर रहे हैं जो उन तरीकों का उपयोग करके सबसे अच्छे से विकसित होते हैं।

मैंने उन बीज उत्पादन कार्यों की समीक्षा की, जिनमें पौधों के नीचे और ऊपर दोनों जगह प्लास्टिक का व्यापक रूप से उपयोग किया गया था। किसान इस बात से अनजान थे कि उनके तरीके उन पौधों के लिए चुनते हैं जो प्लास्टिक के साथ उगाए जाने पर सबसे अच्छे होते हैं। इस प्रकार, जब पौधे प्लास्टिक का उपयोग नहीं करने वाले ग्राहक के बगीचों में जाते हैं, तो संयंत्र विफल हो सकते हैं। पौधों में उनके आदी वातावरण के एक महत्वपूर्ण घटक की कमी होती है। यदि बीज उत्पादक प्लास्टिक के उपयोग के बारे में जानबूझकर थे, और पौधों को प्लास्टिक की आवश्यकता के रूप में विज्ञापित किया, तो यह उनके ग्राहकों के लिए

टमाटर जो खुद को साफ रखते हैं

एक आशीर्वाद हो सकता है जो प्लास्टिक का उपयोग करते हैं। मुझे लगता है कि जोखिमों का खुलासा न करना उनके ग्राहकों के लिए एक अहितकारी है।

किसान बाजार में एक दोस्त ने पूछा कि उसके टमाटर गंदे क्यों हो जाते हैं, और मेरा साफ रहता है। मेरे पास उसका कोई जवाब नहीं था। अगली बार जब मैंने टमाटर चुना, तो मैंने देखा कि स्थानीय रूप से

अनुकूलित टमाटरों में व्यावसायिक रूप से उपलब्ध टमाटरों की तुलना में एक अलग प्रकार की बेल होती है। जब मैं टमाटर से बीज बचा रहा हूं, तो मैं उन फलों से बीज नहीं बचाता जो कीचड़ में पड़े हैं। मैंने अनजाने में टमाटर के लिए चयन किया था जिसमें एक धनुषाकार बेल संरचना होती है जो फलों को जमीन से दूर रखती है। बिना किसी श्रम या ध्यान के टमाटर ने खुद इसकी देखभाल की।

हाल ही में, मुझे टमाटर का एक परिवार मिला जो झाड़ी की तरह बढ़ता है, जिसमें लकड़ी के तने होते हैं। मैं उस विशेषता का पता लगाने का इरादा रखता हूं। मैं टमाटर को जमीन पर फैलाकर, बिना जाली या स्प्रे के उगाता हूं। नम जलवायु वाले लोगों के लिए, टमाटर की झाड़ियाँ उगाना चतुर होगा जो अपनी पत्तियों को झुलसी हुई मिट्टी से ऊपर रखती हैं।

मैं टमाटर के उत्पादकों को हर तरह के उर्वरक, स्प्रे, तकनीक, ट्रेलिस और श्रम का उपयोग करते हुए देखता हूं। ऐसा करके, वे अनजाने में उन किस्मों का चयन कर रहे हैं जिनके लिए उस प्रकार के महंगे इनपुट की आवश्यकता होती है।

वर्ष के अलग-अलग समय पर बढ़ रहा है

हम उन फसलों का चयन कर सकते हैं जो वर्ष के सामान्य से भिन्न मौसम में उगती हैं। मैं उन फसलों के चयन पर ध्यान केंद्रित करता हूं जो गिरते समय फलती–फूलती हैं। मुझे वसंत ऋतु में सबसे पहले जल्दी फसल चाहिए। मेरे पारिस्थितिकी तंत्र में इस तरह की फसलें बिना सिंचाई के उग सकती हैं। हमारी अधिकांश नमी पतझड़, सर्दी और शुरुआती वसंत में ठंढे मौसम के दौरान गिरती है।

शीत–सहनशील फसलें जो ओवरविन्टर हो सकती हैं और शुरुआती वसंत भोजन का उत्पादन कर सकती हैं उनमें शामिल हैं: मटर, सलाद, शलजम, बोक चोई, केल, पालक, अनाज, चार्ड, ब्रासिका और जंगली प्रजातियां। मैं गिरते मानसून से ठीक पहले पतझड़ में वार्षिक पौधे लगाता हूं। सर्दी–कठोरता के लिए मौसम स्क्रीन। कुछ प्रजातियां और कुछ विशिष्ट किस्में दूसरों की तुलना में अधिक शीतकालीन प्रतिरोधी हैं।

सर्दियों की कठोरता के लिए चयन करके, मैं उन लक्षणों का चयन कर सकता हूं जो गर्मियों में उगाए गए पौधों के लिए हानिकारक हैं। इसलिए, मैंने स्थानीय किस्मों को पतझड़–रोपण या वसंत–रोपित बहन लाइनों में विभाजित किया।

मेरे पारिस्थितिकी तंत्र में बिना सिंचाई के गिरे हुए अनाज उगाए जा सकते हैं। राई बहुत शीतकालीन हार्डी है। गेहूं की कई किस्में विंटर हार्डी हैं। ओट्स और जौ मेरे लिए मज़बूती से शीतकालीन हार्डी नहीं रहे हैं। पतझड़ में उगने वाले अनाज का चयन करके, मैं अपनी खेती को सिंचाई पर कम निर्भर करता हूँ। मैं उन राजनीतिक और औद्योगिक मशीनों से कम प्रभावित हूं जो दबाव वाली सिंचाई को संभव बनाती हैं। काश, यहां पूरे समुदाय में खुले–खाई सिंचाई के पानी को ले जाने वाले ऐसक्विया लंबे समय से चले गए हैं।

मेरे पारिस्थितिकी तंत्र में, राई एक स्व–बीजारोपण जंगली प्रजाति है। इसे रोपण, निराई या सिंचाई की आवश्यकता नहीं होती है। बस परिपक्व अनाज की कटाई करें। गेहूं या जौ के कुछ उपभेद समान उपचार के लिए उपयुक्त हो सकते हैं। राई लंबी है। इससे खरपतवार निकल जाते हैं। अनाज एलोपैथिक हैं। वे अन्य पौधों को जहर देते हैं। वे सभी सर्दियों में बढ़ते हैं, और इस प्रकार वसंत–अंकुरित वार्षिक से बाहर प्रतिस्पर्धा करते हैं।

गेहूं की ऊंचाई में बहुत विविधता है। अगर जंगली गेहूं उगाने का इरादा है, तो मैं सबसे ऊंची उपलब्ध किस्में लगाऊंगा। वे खरपतवारों को बेहतर तरीके से उगाते हैं, और फसल के दौरान रूकना कम करते हैं।

बहुत सारी द्विवार्षिक और बारहमासी प्रजातियां हैं जो शुरुआती वसंत में भोजन का उत्पादन करती हैं। मैंने पार्सनिप, शलजम, चार्ड, गाजर, और सनरूट के लिए चुना है जो बिना सुरक्षा के ओवरविन्टर है। चुकंदर गिरते रोपण के अनुकूल हो सकता है।

चिकवीड शुरुआती वसंत साग पैदा करता है। मैं इसे एक वार्षिक स्व–बीजारोपण से जानबूझकर बोई गई फसल में स्थानांतरित करना पसंद करूंगा। यह यहां पहले से ही पनप रहा है। यह एक खरपतवार की तरह बढ़ता है! अवलोकन, और मामूली प्रयास से, यह एक महत्वपूर्ण

और विश्वसनीय खाद्य फसल बन सकती है, क्योंकि यह अत्यधिक ठंडे मौसम में उगती है।

गर्म जलवायु में, वर्ष के ऐसे समय में रोपण द्वारा मौसम को स्थानांतरित किया जा सकता है जब एक प्रजाति के प्राथमिक शिकारी और रोग सक्रिय नहीं होते हैं। फुल सीज़न स्क्वैश उगाने के बजाय, शॉर्ट सीज़न स्क्वैश सामान्य से पहले या बाद में बढ़ सकता है, इस प्रकार कीटों, बीमारियों या मौसम के पैटर्न की मौसमी से बचा जा सकता है। कम समय के लिए जमीन में फसल होने का मतलब है कि कम चीजें हैं जो गलत हो सकती हैं।

यूएसडीए ज़ोन 8 या वार्मर में, मैं पतझड़ में फवा बीन्स लगाने की सलाह देता हूँ।

ठंढ–सहनशील आम फलियों का चयन करके, मैंने मौसम को तीन से चार सप्ताह आगे बढ़ा दिया है। फसल की खिड़की जल्दी फसल और मुख्य मौसम की फसल होने से फैलती है, फसल के लिए भीड़ को कम करती है। पहले की फसल पतझड़ मानसून की शुरुआत से पहले पक जाती है, जो मुख्य फसल को नुकसान पहुंचा सकती है।

ग्रीनहाउस, कोल्ड–फ्रेम, या बोल्डर, बाड़, या दीवारों जैसी लैंडस्केप सुविधाओं के पास पनपने वाली विकासशील किस्मों पर सीज़न शिफ्टिंग लागू की जा सकती है।

अद्वितीय लक्षण

स्थानीय किस्मों को उगाने से पौधों या जानवरों के फेनोटाइप को प्रभावित करने के कई अवसर मिलते हैं। एक चौकस माली उन भौतिक लक्षणों को देख सकता है जो अन्य पौधों से भिन्न होते हैं। यह संभावना है कि अद्वितीय पौधों की संतानों में अद्वितीय गुण होते हैं।

जैसा कि पहले उल्लेख किया गया है, 1880 के दशक में, मेरे परदादा ने एक बड़े खेत में एक गेहूं के पौधे को देखा जो बाकी की तुलना में अधिक मजबूती और मजबूती से बढ़ रहा था। उसने बीजों को अलग से काटा, और उन्हें अपने घर के बगीचे में लगाया। आखिरकार, उनका गेहूं

उत्तरी यूटा और दक्षिणी इडाहो में सबसे व्यापक रूप से लगाया गया गेहूं बन गया।

मुझे विशिष्ट टमाटर परियोजना में विशाल, चमकीले रंग के फूल पसंद हैं। मैं बोल्ड फ़्लोरल डिस्प्ले के लिए अधिमानतः चयन करता हूं। मैं उन टमाटरों को बेचने का सपना देखता हूं जो विशेष रूप से फूलों के बगीचों के लिए हैं। मुझे फल चखने वाले टमाटर और नियमित टमाटर के स्वाद के विपरीत चयन करने की उम्मीद है। ब्लैक!

ठंढ सहिष्णु बीन परियोजना तब शुरू हुई जब लगभग 5% युवा पौधे देर से वसंत ठंढ से बच गए। मैंने उनसे अगले साल, एक महीने पहले बीज बोए। उनमें से कई बच गए। मैंने इसे वर्षों से दोहराया है। यह किस्म औसत फलियों की तुलना में बहुत अधिक ठंढ सहिष्णु है। पौधों को स्थानीय परिस्थितियों के अनुकूल बनाने पर काम करते समय 5% की जीवित रहने की दर बहुत अधिक है।

सनरूट (जेरूसलम आर्टिचोक) और वार्षिक सूरजमुखी विभिन्न प्रजातियां हैं जो एक दूसरे के साथ पार कर सकते हैं। Sunroots में बड़े, खाने योग्य, बारहमासी कंद होते हैं। वार्षिक सूरजमुखी बड़े बीज पैदा करते हैं। उनके बीच के क्रॉस उपजाऊ हैं। चयन की संभावनाएं मेरे लिए आकर्षक हैं। क्या होगा यदि हम एक ही पौधे पर विशाल, खाने योग्य जड़ों और विशाल बीजों का चयन करें? पर्माकल्चर सेटिंग के लिए क्या ही रमणीय फसल है।

सजावटी टमाटर फूल

सनरूट बहुत देर से फूलते हैं। एक क्रॉस बनाने के लिए, मैं हर 10 दिनों में वार्षिक सूरजमुखी लगाने की कोशिश कर सकता हूं, ताकि फूलों के समय को पंक्तिबद्ध करने का प्रयास किया जा सके। शायद सूरजमुखी के पराग को सुखाकर और/या जमने से

संग्रहित किया जा सकता है। संकरों के बीजपत्र माता-पिता से भिन्न होते हैं।

खाद्य सुरक्षा पर अध्याय में, मैं बारहमासी सूरजमुखी के बड़े कंद और बहुत सारे बड़े बीज पैदा करने की संभावनाओं पर चर्चा करता हूं।

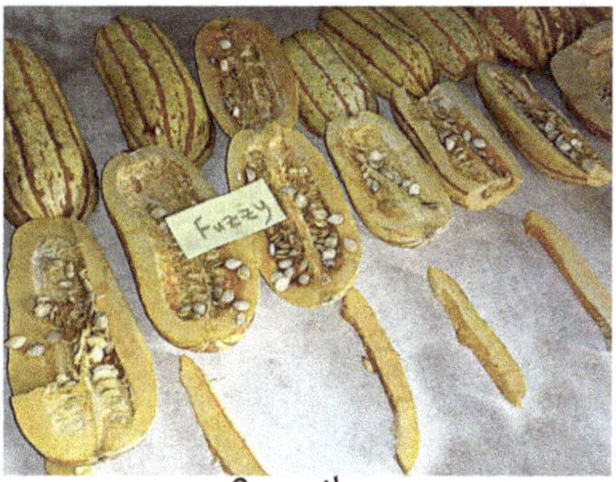
फजी स्क्वैश फल

मेरी स्क्वैश-प्रजनन परियोजना में, मैंने स्क्वैश फलों को देखा जो फजी हैं। उन्हें बड़ा अजीब लगता है। वे मुझे मोहित करते हैं। क्या होगा यदि हिरण वास्तव में अस्पष्ट अनुभव को नापसंद करते हैं और फल नहीं खाते हैं? क्या होगा अगर स्क्वैश कीड़े फज की वजह से अपने अंडे नहीं खिला सकते हैं या अंडे नहीं दे सकते हैं? मैं संभावनाएं तलाशने को लेकर उत्साहित हूं।

कॉम्पैक्ट खरबूजा

मेरा सबसे अनोखा खरबूजा उसी में उगता है जिसे मैं झाड़ी-शैली कहता हूं। इसमें बहुत कम इंटर-नोड्स होते हैं। यह किसी के लिए बालकनी पर, या सीमित स्थान के साथ उठे हुए बिस्तरों में बढ़ने के लिए बहुत अच्छा होगा। मैं इसे अपने नियमित कस्तूरी से लगभग सौ फीट की दूरी पर लगाता हूं, ताकि दो आबादी को ज्यादातर अलग रखा जा सके।

मेरी फसलें पूर्ण सूर्य के प्रकाश में एक खुले मैदान में उगती हैं जिसमें सिल्टी-दोमट क्षारीय मिट्टी होती है। मेरी फसलें उन परिस्थितियों में फलने-फूलने के लिए स्व-चयनित हैं। अन्य स्थानों में, फसलों के आनुवंशिकी अम्लीय, रेतीली मिट्टी वाले छायादार बगीचों के पक्ष में स्थानांतरित हो सकते हैं। मैं अपनी मिट्टी बदलने की कोशिश नहीं

करता। मिट्टी में दीर्घकालिक परिवर्तन करने की तुलना में पौधों के आनुवंशिकी को बदलना बहुत आसान है।

मैं बारहमासी गेहूं और राई उगाता हूं। वे घरेलू अनाज और जंगली घास के बीच संकर संकर के रूप में उत्पन्न हुए। बारहमासी होने से उन्हें वार्षिक प्रजातियों पर एक बड़ा फायदा मिलता है। एक फसल बोना अच्छा है, और यह जान लें कि एक किसान से लगातार ध्यान देने की आवश्यकता के बिना यह खुद के लिए तैयार हो जाएगा।

मेरे पसंदीदा फलों में से एक बीज से उगाया गया नाशपाती है। हरे फलों की त्वचा कड़वी होती है। पकने पर कड़वाहट गायब हो जाती है। कड़वी त्वचा का लाभ यह है कि कीड़े हरे फल नहीं खाएंगे। इससे फसल सुरक्षा रसायनों के बिना जैविक नाशपाती उगाना संभव हो जाता है।

मैं एक विशाल सूरजमुखी उगाता हूं। यह 12 फीट (4 मीटर) लंबा हो जाता है। मैं उन सिरों के लिए चयन करता हूं जो सीधे जमीन की ओर होते हैं। पक्षी बीज खाने के लिए सिर के नीचे तक नहीं पकड़ सकते। मैं उन बीजों का भी चयन करता हूं जो सिर से और एक दूसरे से शिथिल रूप से जुड़े होते हैं। यह मुझे एक दस्ताने वाले हाथ को रगड़कर, खेत में बीज काटने की अनुमति देता है। जब मैं पूरे सिर की कटाई कर रहा था और ठंडे/नम पतझड़ के मौसम में उन्हें सुखाने की कोशिश कर रहा था, तो मुझे मोल्ड के साथ भयानक परेशानी थी। फ्री-थ्रेसिंग सूरजमुखी के बीज एक शीट पर फैलाने पर जल्दी सूख जाते हैं।

खीरा

पीली चमड़ी वाले खीरे मेरी स्थानीय किस्म में दिखाई दिए। स्वाद हल्का और नाजुक होता है। वे, अब तक, सबसे अच्छे स्वाद वाले, ककड़ी हैं जिनका मैंने सामना किया है। लैक्टो-किण्वित या मसालेदार होने पर वे अद्भुत होते हैं। वे छोटे फल वाले होते हैं। मैं वर्तमान में जनसंख्या की खोज कर रहा हूं यह देखने के लिए कि क्या फलों का आकार बढ़ाया जा सकता है। यह एक ऐसा मामला होगा जहां एक बड़ी फल वाली किस्म के साथ एक स्वतंत्र संकर सार्थक हो सकता है।

कैक्टस एक ऐसा परिवार है जिसमें नई प्रकार की फसलों को विकसित करने की काफी संभावनाएं हैं। फल या पत्ते दोनों में से कोई भी खा सकते हैं। शायद एक खाद्य फूल विकसित किया जा सकता है। मैं परिवार को असतत प्रजातियों की तुलना में अधिक प्रजाति–जटिल मानता हूं। कैक्टस के बीच नई और रोमांचक फसलों की खोज करने के बहुत सारे अवसर हैं। उदाहरण के लिए, कुछ छोटी फल वाली प्रजातियों में फलों पर रीढ़ नहीं होती है! क्या? बिना रीढ़ के कैक्टस फल !! यह पता लगाने के लिए एक अद्भुत विशेषता होगी। शायद हम अधिक संख्या में बड़े फलों का चयन कर सकते हैं।

खाद्य कैक्टस के पत्ते

कैक्टस फल वास्तव में स्वादिष्ट हो सकते हैं। एक दशक से भी अधिक समय पहले, मैंने ओपंटिया एंगेलमनी बीजों का एक गुच्छा लगाया था। उनमें से अधिकांश सर्दियों ने पहली सर्दी को मार डाला। कुछ अब तक बाहर बच गए हैं। वे मेरे द्वारा खाए जाने वाले सबसे स्वादिष्ट फलों में से हैं। उनके पास छोटे–छोटे कांटे होते हैं, इसलिए मैं आम तौर पर उन्हें आधा काटकर खाता हूं, फिर एक चम्मच से अंदर की तरफ निकालता हूं। एक मित्र मेड़ों को ज्वाला से जला देता है।

खाने योग्य कैक्टस फल

मैं ओपंटिया हमीफुसा की एक किस्म उगाता हूं, जिसे स्पिनलेस कहा जाता है। इसमें छोटे ग्लोकिड होते हैं, लेकिन बड़ी रीढ़ नहीं होती है। मैं इसे लॉन की घास पर कांटों को रगड़ कर खाने के लिए तैयार करता हूं। मैं ऐसे लोगों को जानता हूं जो रीढ़ की हड्डी वाले एरोला को काटते हैं।

7 मुक्त पार परागण

प्रचुर मात्रा में पार परागण स्थानीय किस्मों के दीर्घकालिक अस्तित्व के लिए आवश्यक है। कुछ प्रजातियां बहुत पार करती हैं। अन्य प्रजातियां ज्यादातर आत्म–परागण करती हैं, कभी–कभी पार करती हैं।

क्रॉस–परागण पौधों के आनुवंशिकी को पुनर्व्यवस्थित करता है। शिफ्टिंग जेनेटिक्स जीवन को पारिस्थितिक तंत्र या कृषि प्रथाओं में बदलाव के अनुकूल बनाने की अनुमति देता है।

अत्यधिक स्थानीयकृत

परागण अत्यधिक स्थानीयकृत होता है। एक फूल के निकटतम संगत फूल द्वारा परागित होने की सबसे अधिक संभावना है। हम विभिन्न किस्मों को जितना करीब से रोपते हैं, उनके पार होने की संभावना उतनी ही अधिक होती है। मैं आम तौर पर सबसे अधिक संभव क्रॉसिंग प्राप्त करने के लिए मुश्किल से पार करने वाली किस्मों को एक साथ मिलाता हूं।

पराग प्रवाह
(फूलों के बीच)

पराग प्रवाह अत्यधिक स्थानीयकृत है

परागण का गणित द्विघात है, जिसका अर्थ है कि दो फूलों के बीच की दूरी को दोगुना करने से क्रॉस–परागण की संभावना एक चौथाई हो जाती है। दूरी को दस गुना बढ़ाने से क्रॉस–परागण की संभावना सौ गुना कम हो जाती है।

फूलों के बीच पराग प्रवाह का गणित किसी भी पैमाने पर लागू होता है: एक क्लस्टर में अलग–अलग फूलों के लिए, और एक ही पौधे पर फूलों के समूहों के बीच। यह एक ही खेत में अलग–अलग पौधों और एक ही खेत में अलग–अलग पैच पर लागू होता है।

परागण की अत्यधिक स्थानीयकृत प्रकृति के बारे में जागरूकता हमें अलगाव दूरी बनाए रखने के लिए या तो परागण को कम करने के लिए या क्रॉसिंग को प्रोत्साहित करने के लिए इसे अधिकतम करने के लिए रोपण डिजाइन करने की अनुमति देती है।

पैच के बीच पराग प्रवाह

दस फ़ुट लंबी पंक्तियों को दस फ़ुट से अलग किया गया

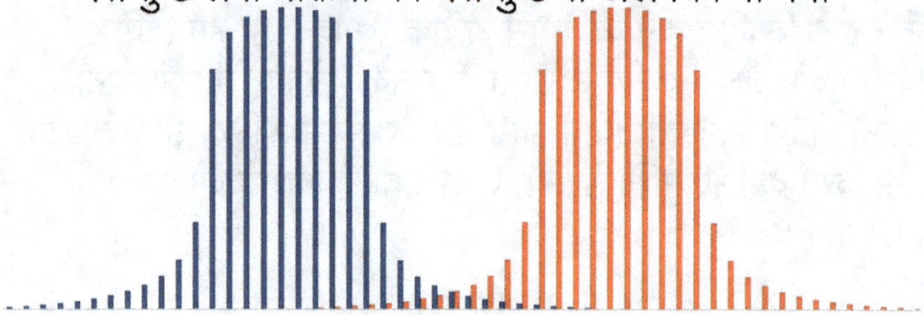

पराग प्रवाह एक पंक्ति के भीतर

पवित्रता और अलगाव दूरियां

बीज बचाने को लेकर लोग भय व्यक्त करते हैं। क्या होगा यदि वे अलगाव दूरियों को प्रवाहित करते हैं? क्या होगा यदि एक किस्म प्रदूषित हो जाती है? इनब्रीडिंग डिप्रेशन के बारे में कैसे? क्या होगा यदि बीज एक संकर है? जहर और विकृत–राक्षस पौधों के बारे में क्या? मेरी प्रतिक्रिया यह है कि उन चीजों का बहुत कम परिणाम होता है।

बीज की बचत के संबंध में आवश्यक ज्ञान यह है कि पौधे बीज उत्पन्न करते हैं। उन्हें एकत्र करके फिर से लगाया जा सकता है। पादप प्रजनन के लिए संतान अपने माता–पिता और दादा–दादी के समान होती है। कभी–कभी एक विशेषता एक पीढ़ी को छोड़ देती है।

पादप प्रजनन का भव्य रहस्य

पौधे बीज बनाते हैं।
संतान अपने माता–पिता और
दादा–दादी से मिलती–जुलती है।
कभी–कभी एक विशेषता एक पीढ़ी को छोड़ देती है।

आनुवंशिक रूप से विविध आबादी बढ़ने से बीज की बचत बहुत सरल हो जाती है। यह पौधे की शुद्धता और अलगाव दूरियों के बारे में चिंता को कम करता है। शुद्धता की चिंता बीज बचाने में सबसे बड़ी बाधाओं में से एक है। शुद्धता बनाए रखने से अंतर्गर्भाशयी अवसाद होता है। मैं अलगाव दूरियों या खेती को शुद्ध रखने के बारे में ज्यादा चिंता नहीं करता। पौधे तब मजबूत होते हैं जब किस्में एक–दूसरे को पार–परागण करती हैं। यदि एक हबर्ड स्क्वैश और एक केला स्क्वैश क्रॉस–परागण करते हैं, तो संतान अभी भी स्क्वैश हैं। वे स्क्वैश की तरह बढ़ते हैं, वे स्क्वैश की तरह दिखते हैं, वे स्क्वैश की तरह पकाते हैं। जब दो महान किस्में पार हो जाती हैं, तो संतानों को महानता विरासत में मिलती है।

लोगों ने 40,000 साल पहले तक पौधों को पालतू बनाना शुरू कर दिया था। घरेलू फसलों से अवांछनीय लक्षणों के विशाल बहुमत को समाप्त कर दिया गया है। मैं क्रास्ड पौधों को जहरीले म्यूटेंट में बदलते नहीं देखता। जब दो उच्च–पालतू किस्में पार करती हैं, तो संतानें भी उच्च–पालतू होती हैं। संतान के लक्षण मूल किस्मों के गुणों को मिलाते हैं।

कभी–कभी मैं जंगली, कम–पालतू माता–पिता के लिए क्रॉस बना देता हूं। मैं और अधिक विविधता को शामिल करने की आशा करता हूं। कभी–कभी उन क्रॉस में, मुझे एक जहरीला फल, या अन्य अवांछित लक्षण मिलते हैं। खरबूजे, स्क्वैश, ककड़ी, सेम, और सलाद पत्ता जहर अच्छी तरह से व्यवहार कर रहे हैं। वे भयानक स्वाद लेते हैं। भयानक

स्वाद एक अच्छा संकेत है कि एक पौधा जहर पैदा करता है। नाइटशेड का स्वाद अच्छा हो सकता है, लेकिन जहर मुझे बारफ करना चाहते हैं।

मैंने एक "पॉकेट तरबूज" लगाया, जो एक इत्र की गंध वाला एक छोटा सा खरबूजा है। मैं बीज बचाने से पहले हर फल का स्वाद लेता हूं। पॉकेट खरबूजे का स्वाद खराब था! खरबूजे में जहर का स्वाद भयानक होता है। मैंने पूरे साल की बीज फसल को फेंक दिया। मैं खरबूजे में जहर डालने का जोखिम नहीं उठा सकता था।

जब मैंने जंगली तरबूज से आनुवंशिकी की शुरुआत की, तो "विस्फोटक तरबूज" विशेषता दिखाई दी। धूप में गर्म करने पर फल लगने पर फल खुल जाते हैं। क्रमिक चयन ने कुछ वर्षों में इस विशेषता को समाप्त कर दिया।

मैं टेपरी बीन्स को अर्ध–पालतू मानता हूं। मेरे मूल उपभेदों में एक विशेषता थी जिसे मैं "कठिन बीज" कहता हूं। भिगोए जाने पर लगभग 10% बीज पानी को अवशोषित नहीं करेंगे। उन्हें अंकुरित होने में सप्ताह या महीने लगेंगे। मैंने बीजों को पूर्व–भिगोकर, और केवल उन लोगों को रोपण करके उस विशेषता को समाप्त कर दिया जो तुरंत पानी अवशोषित कर लेते थे। जंगली तरबूज अपने साथ वही गुण लेकर आया, जो अपने आप खत्म हो गया। मेरे यहाँ तरबूज़ पूरे मौसम की फ़सल है। जो पौधे अंकुरित होने में लंबा समय लेते हैं, वे पाले से पहले प्रजनन नहीं करते हैं।

इन दिनों, अगर मैं पालतू फसलों के जंगली पूर्वजों को उगाना चुनता हूं, तो मैं उन्हें कुछ वर्षों के लिए एक अलग खेत में उगाता हूं। यह सुनिश्चित करता है कि वे दुर्भाग्यपूर्ण लक्षणों का परिचय नहीं देते हैं। बाद में किसी विशेषता को समाप्त करने के बजाय, उन्हें शुरुआत में अलग–थलग रखना आसान होता है।

मैं गर्म मिर्च को मीठी मिर्च से अलग रखता हूँ। मुझे परवाह नहीं है कि मीठी मिर्च कैसी दिखती है। यह किसी भी आकार, किसी भी रंग या किसी भी आकार का हो सकता है जब तक कि यह गर्म न हो। मेरे बगीचे में सबसे महत्वपूर्ण मीठी मिर्ची विशेषता है, "फल अवश्य देना चाहिए।"

आम सेम और अनाज जैसी अधिकतर अंतःप्रजनन फसलों के लिए, मैं उन्हें 10 फीट (3 मीटर) अलग पर अलग मानता हूं। ज्यादातर फैलने वाली फसलों के साथ, मैं उन्हें 100 फीट (30 मीटर) अलग-थलग मानता हूं। मैं उस दूरी पर लगभग 1% से 5% क्रॉसिंग देखता हूं।

अलग-अलग समय पर फूल आने वाली फसलें पर-परागण नहीं करती हैं। जल्दी पकने वाली और देर से पकने वाली मकई एक दूसरे के बगल में उग सकती है, बिना क्रॉसिंग की चिंता के। इसी तरह मैं एक ही खेत में मैदा और स्वीट कॉर्न उगाता हूं।

इसी तरह, इनब्रीडिंग डिप्रेशन केवल एक समस्या है जब एक कल्टीवेटर को सख्त अलगाव में उगाया जाता है। यदि नए जीन नियमित रूप से आते हैं तो इससे कोई फर्क नहीं पड़ता कि आबादी में कितने पौधे हैं। नए जीनों का अंतर्वाह इनब्रीडिंग के कारण जीन के नुकसान का प्रतिकार कर रहा है।

मुझे आश्चर्य है कि क्या "माता-पिता की न्यूनतम संख्या" सिफारिशें मेगा-सीड कंपनियों द्वारा लोगों को बीज बचाने से हतोत्साहित करने के लिए एक चाल है। पूरी दुनिया के लिए बीज फसल उगाने के लिए आवश्यक मानक स्थानीय पड़ोस के लिए स्थानीय भोजन उगाने के लिए आवश्यक मानकों से बहुत अलग हैं। मैं बीज को बचाने के लिए कितने पौधों की जादुई संख्या का सुझाव नहीं देने जा रहा हूं। अपने और अपने समुदाय के लिए अधिक से अधिक बीजों को बचाएं। चयन के दौरान उदार रहें। यदि कोई किस्म शक्ति खो देती है, तो उसे किसी और चीज़ से पार करने दें।

मुझे कोई फर्क नहीं पड़ता कि मैं जो विकसित करता हूं उसमें कुछ प्रतिशत ऑफ-टाइप हैं या नहीं। मैं हाथ से कटाई कर रहा हूँ। मैं पकाने से पहले प्रत्येक सब्जी को अपने हाथ में पकड़ रहा हूँ। अगर मुझे यह पसंद नहीं है, तो मैं इसे खाद बना देता हूं या जानवरों को खिला देता हूं।

आउटक्रॉसिंग

पार परागण किस्मों स्थानीय बढ़ती हुई परिस्थितियों के लिए जल्दी से अनुकूलित। आनुवंशिकी की लगातार पुनर्व्यवस्था स्थानीय परिस्थितियों में पनपने वाले परिवारों के लिए तेजी से चयन की अनुमति देती है।

मकई पवन–परागित है। मकई का पराग हवा से भारी होता है, और जल्दी से जमीन पर गिर जाता है। मेरे खेतों में 10 मील प्रति घंटे की औसत हवा की गति के साथ, मकई पराग 25 फीट (8 मीटर) के भीतर रेशम के स्तर से नीचे चला जाता है।

एक तूफान की अशांति में पकड़े जाने पर मकई पराग मीलों तक यात्रा कर सकता है। विदेशी पराग के यादृच्छिक दानों का स्थानीय पराग के लाखों दानों की तुलना में बहुत कम प्रभाव होता है। अधिकांश मकई पराग ज्यादातर समय लगभग सीधे नीचे गिरते हैं। जब मैं अनजाने में सफेद मकई के एक टुकड़े में एक रंगीन मकई का बीज लगाता हूं, तो रंगीन गुठली वाले पौधे से पराग सफेद कोब पर गुठली को रंग देता है। अधिकांश पर परागण 3 फीट (1 मीटर) के भीतर होता है।

मैं सिस्टर लाइन्स को विकसित करने के लिए परागण की स्थानीय प्रकृति का लाभ उठाता हूं। मैं एक ब्लॉक में एक साथ बैंगनी मकई लगा सकता हूं, फिर सफेद मकई उसके ठीक बगल में एक ब्लॉक में, फिर पीला मकई सफेद के बगल में। कटाई के समय, सफेद ब्लॉक मुख्य रूप से सफेद कॉब्स का उत्पादन करेगा, ब्लॉक के एक किनारे पर कुछ बैंगनी रंग के दाने होंगे। कुछ पीली गुठली ब्लॉक के दूसरे किनारे को दिखाती है। इस प्रणाली में, पीले और बैंगनी के बीच थोड़ा सा क्रॉसिंग होता है। यह विधि विभिन्न फेनोटाइप के संरक्षण की अनुमति देती है।

1 मीटर की दूरी पर न्यूनतम पार–परागण

मैं एक पंक्ति के एक छोर पर हरा स्क्वैश लगाता हूं, और दूसरे पर नारंगी स्क्वैश लगाता हूं। फिर नारंगी स्क्वैश ज्यादातर खुद को परागित

करते हैं, और हरे स्क्वैश ज्यादातर खुद को परागित करते हैं, दोनों किस्मों को बनाए रखते हैं। पैच के बीच में कुछ क्रॉसिंग होती है।

ज्यादातर स्व-परागण

स्व–परागण करने वाली फसलों में क्रॉस–परागण की तुलना में स्वयं परागण की संभावना अधिक होती है। फूलों को इस तरह से आकार दिया जाता है जो क्रॉसिंग पर आत्म–परागण का पक्ष लेते हैं। आनुवंशिक मिश्रण की धीमी दर के कारण, स्थानीय परिस्थितियों के अनुकूल होने के लिए ज्यादातर स्व–फसल वाली फसलें धीमी होती हैं। अधिकतर स्वयं वाली फसलों को बारीकी से रोपने से क्रॉसिंग को बढ़ावा मिलता है।

आयातित सेल्फिंग किस्में तुरंत योग्यतम चयन के अस्तित्व से गुजरती हैं। बीन्स ज्यादातर–सेल्फिंग हैं। सेम की अधिकांश किस्में मेरे बगीचे के लिए अनुपयुक्त हैं। वे पहले साल फेल हो जाते हैं। मेरा अनुमान है कि मेरे द्वारा बोई जाने वाली आम फलियों की प्रत्येक 10 किस्मों के लिए, उनमें से 9 अगले वर्ष बोने के लिए बीज नहीं देती हैं। टमाटर के साथ, 20 में से केवल 1 किस्म ही पके फल पैदा करती है, इससे पहले कि पतझड़ के ठंढ से पौधे मारे जाते हैं। बाद के वर्षों में, बीन्स और टमाटर अन्य इनब्रीडिंग किस्मों के मिश्रण में इनब्रीडिंग किस्मों के रूप में पर्याप्त रूप से मिल जाते हैं।

पालतू आम फलियों की प्राकृतिक पार–परागण दर 0.5 से 5% के बीच होती है। यह प्राकृतिक चयन के लिए पर्याप्त है। स्वाभाविक रूप से पाए जाने वाले संकरों को देखना और उन्हें अधिमानतः रोपण करना स्थानीय अनुकूलन को तेज कर सकता है।

यहां तक कि पार सेम के लिए जानबूझकर चयन के बिना, क्रॉस की संतान अधिक उत्पादक होगी, और इस प्रकार इनब्रीडिंग किस्मों की तुलना में अधिक बीज पैदा करेगी। आबादी अनजाने में अधिक फैलने वाली किस्मों के पक्ष में शिफ्ट हो जाएगी।

मैनुअल क्रॉस बनाने से ज्यादातर स्वयं वाली फसलों के आनुवंशिकी का मिश्रण होता है। अगली दो से चार पीढ़ियों के लिए, मिश्रित जीन खुद को नए संयोजनों में पुनर्व्यवस्थित करते हैं। उनमें से कुछ संयोजन

वर्तमान बढ़ती परिस्थितियों के लिए अच्छी तरह अनुकूलित हो सकते हैं। एंडी ब्रूनिंगर द्वारा मैन्युअल रूप से उत्पादित टेपरी संकर भेजे जाने के बाद मेरी स्थानीय टेपरी बीन्स वास्तव में फली-फूली। उन्होंने छोटे पैमाने पर क्रॉस किए। कुछ संकर बीजों ने मेरे टेपरी बीन्स के बीज-कोट के रंगों को नाटकीय रूप से बढ़ा दिया।

बगीचे और आसपास के क्षेत्रों में एक स्वस्थ पारिस्थितिकी तंत्र बनाए रखने से अधिक परागणकों के कारण पार-परागण बढ़ जाता है। परागकणों की आबादी तब स्वस्थ होती है जब पौधों की कई प्रजातियाँ उन्हें अपने पूरे जीवन चक्र में खिलाती रहती हैं।

मैं अपने खेत और आसपास के वन्य क्षेत्रों में पौधों की सभी प्रजातियों का स्वागत करता हूं। जैसे ही वे स्थापित हो जाते हैं, मैं उन्हें "देशी" कहता हूं। जब मैं अपनी आंखों से पौधों को देखता हूं, तो मैं नहीं बता सकता कि वे कब और कहां से उत्पन्न हुए। मैं बायोमास, पराग, अमृत और आश्रय जैसी प्रचुर मात्रा में पारिस्थितिकी तंत्र सेवाएं प्रदान करने वाले सभी पौधों का निरीक्षण करता हूं।

संकर बनाने से पहले टेपरी बीन

संकर बनाने के बाद टेपरी बीन

RIPCURL
Surfing Co
2:08

8 खाद्य सुरक्षा

समुदाय

अंतिम खाद्य सुरक्षा सहकारी समुदाय में रहने से आती है। जितना अधिक हम अपने खाद्य संसाधनों को एक समुदाय के भीतर स्थानीयकृत करते हैं, उतना ही अधिक सुरक्षित हम उन्हें बनाते हैं। स्थानीय खाद्य और बीज नेटवर्क को बनाए रखने से खाद्य आपूर्ति के लिए वैश्विक और क्षेत्रीय व्यवधानों से सुरक्षा मिलती है।

खाद्य उत्पादन और खाद्य उपभोग के बीच जितने कम बिचौलिए मौजूद होते हैं, खाद्य प्रणाली उतनी ही सुरक्षित होती जाती है। सबसे सुरक्षित खाद्य प्रणाली वह है जिसमें समुदाय का प्रत्येक सदस्य किसी न किसी रूप में समुदाय के खाद्य उत्पादन में योगदान देता है।

योगदान किसान के बाजार में भोजन खरीदना, या माली को खाली जगह पर भोजन उगाने की अनुमति देना हो सकता है। यह स्थानीय उपज से किमची या अचार बना रहा हो सकता है। अखाद्य झाड़ियों के बजाय डॉक्टर का कार्यालय टमाटर उगा सकता था।

मेरा स्थानीय खाद्य सहकारी मेरी आत्मा को खिलाने के लिए सामाजिक लाभ प्रदान करता है: छूना, गाना, नाचना, ढोल बजाना, जश्न मनाना। सबसे प्यारी चीजों में से एक वार्षिक रोपण उत्सव में भोजन साझा करना है जो पिछली गर्मियों में खेत में उगाया गया था। यह भोजन पिछले रोपण उत्सव के दौरान लगाए गए बीजों से उगाया गया था।

मैं कई प्रजातियों और प्रकार के भोजन उगाता हूं। मैं जो भी खाना खाता हूं वह स्थानीय भोजन है जिसे मैंने खुद नहीं बनाया। मैं समुदाय को सब्जियां खिलाता हूं। वे मुझे अन्य प्रकार के खाद्य पदार्थ खिलाते हैं।

मैं सेंकना नहीं करता। मैं स्थानीय बेकरी को भोजन उपहार में देता हूं। वे मुझे रोटी देते हैं। मैं एक शिकारी को शहद भेंट करता हूँ। उसने मुझे हिरन का मांस भेंट किया। एक मछुआरा मुझे मछली देता है।

जब एक रिश्ता खराब हो गया, और मैंने बीज खो दिए, तो मेरे स्थानीय और इंटरनेट समुदायों ने उन्हें मुझे वापस दे दिया।

इनब्रीडिंग बनाम विविधता

कृषि का हालिया इतिहास एक पौधे की सुरक्षा पर काबू पाने वाले कीट के कारण फसल की विफलता को दर्शाता है, फिर कम समय में व्यापक रूप से फैल रहा है। रोगाणुओं का यह जंगल की आग की तरह प्रसार प्रभावित फसलों में आनुवंशिक एकरूपता के कारण होता है। इसी तरह की विफलताएं मौसम के कारण होती हैं। स्थानीय किस्मों के साथ बागवानी करने से प्रजातियों के भीतर और प्रजातियों के बीच व्यापक आनुवंशिक विविधता बनाए रखने से इन समस्याओं से बचा जा सकता है।

1970 के मकई तुषार के बाद, नेशनल एकेडमी ऑफ साइंसेज ने चेतावनी दी कि संयुक्त राज्य में फसलें आनुवंशिक एकरूपता के कारण विफलता के लिए "प्रभावशाली रूप से कमजोर" हैं। उस समय से एकरूपता की ओर रुझान तेज हुआ। मुझे उम्मीद है कि खेती के बढ़ते मशीनीकरण के कारण मेगा–कृषि में प्रवृत्ति जारी रहेगी।

छोटे पैमाने के उत्पादकों के बीच एक प्रति–प्रवृत्ति हो रही है। आनुवंशिक रूप से विविध फसलों की तलाश करने के कारण बागवानों के बीच भिन्न होते हैं। कुछ एक व्यापक स्वाद ताल की मांग कर रहे हैं। दूसरों को रोमांचक रंग पसंद हैं। कुछ उच्च पोषण सामग्री चाहते हैं।

मैं मुख्य रूप से उनकी विश्वसनीयता के लिए आनुवंशिक रूप से विविध स्थानीय किस्मों को उगाता हूं: पौधे कुल फसल विफलता के लिए कम संवेदनशील होते हैं। मैं अपने भोजन का लाभ नीरस और उबाऊ न दिखने या चखने से प्राप्त करता हूँ। मैं हाथ से फसल लेता हूं। मुझे एकरूपता से कोई लाभ नहीं है।

क्लोनिंग

क्लोनिंग द्वारा उगाई जाने वाली फसलें विशेष रूप से बड़े पैमाने पर फसल खराब होने की संभावना होती हैं। एक कीट जो एक क्लोन की सुरक्षा पर काबू पा लेता है, वह पूरी आबादी को खत्म कर सकता है। मैं विशेष रूप से परागित फसलों के पक्ष में क्लोन उगाने से बचता हूं। मैं

अपने बगीचे में फसलों की जैव विविधता का विस्तार करता हूं, क्लोनिंग के बजाय पारंपरिक रूप से क्लोन की गई फसलों को बीजों से उगाता हूं।

आलू

आलू की अधिकांश व्यावसायिक किस्में बाँझ क्लोन हैं। वे बीज पैदा करने में असमर्थ हैं। मैंने व्यवहार्य बीज पैदा करने वाली कुछ किस्मों को खोजने के लिए कई किस्मों का परीक्षण किया। मैंने गैर–फलने वाली किस्मों को उगाना बंद कर दिया। बड़े पैमाने पर परागित बीजों से आलू उगाकर, मैं अपनी घाटी को प्रभावित करने वाले आलू के अकाल के जोखिम को कम करता हूं। इस प्रयास में शामिल हम में से जो लोग कहते हैं कि हम "असली आलू के बीज" उगा रहे हैं। विलियम व्हिटसन ऑफ Cultivariable आलू के सच्चे बीज प्राप्त करने के लिए एक अद्भुत संसाधन है।

यरूशलेम आटिचोक

जेरूसलम आर्टिचोक, एक खाद्य कंद वाला सूरजमुखी, मेरे लिए एक खाद्य सुरक्षा फसल है। वे मातम की तरह बढ़ते हैं। वे मेरे पारिस्थितिकी तंत्र में पनपते हैं। यहां की मिट्टी उनके प्राकृतिक आवास की सिल्टी दोमट जैसी है। मैं खाने और बीज–रखवाले के साथ साझा करने के लिए प्रति वर्ष कुछ बुशेल सनरूट काटता हूं।

जेरूसलम आटिचोक जमीन में अच्छी तरह से जमा हो जाते हैं। मैं उन्हें अक्टूबर और अप्रैल के बीच काट सकता हूं, जब भी जमीन जमी न हो। मैंने कभी किसी को जेरूसलम आर्टिचोक चोरी करते नहीं पकड़ा। उन्हें खोदना मुश्किल है, और ज्यादातर लोग उन्हें भोजन के रूप में नहीं पहचानते हैं। जेरूसलम आर्टिचोक एक पहाड़ी लोगों की फसल है, जो साल–दर–साल भोजन का उत्पादन करती है, भले ही यह किसी विशेष वर्ष में काटा न जाए।

मैं बीज से आनुवंशिक रूप से विविध सनरूट उगाता हूं। जेरूसलम आर्टिचोक आमतौर पर क्लोन के रूप में उगाए जाते हैं, जो स्वयं–असंगत होते हैं, और इस प्रकार बीज सेट नहीं करते हैं। मेरे सनरूट्स ने बीज

को बहुतायत से स्थापित किया क्योंकि असंबंधित व्यक्ति एक दूसरे को परागित करते हैं।

जंगली जेरूसलम आर्टिचोक का सबसे बड़ा 15%

मैंने कैनसस के एक जंगली स्ट्रेन के साथ एक घरेलू जेरूसलम आटिचोक को पार किया। मैंने महान कंदों के लिए फिर से चयन किया। घरेलू तनाव घुंडी है। रसोई में इसका उपयोग करना कठिन है। नॉब्स के बीच गंदगी जम जाती है। मैंने बड़े नॉन-नॉबी कंदों के लिए चयन किया।

एक पर-परागण वाली फसल मेरे बगीचे के अनुकूल हो सकती है। मैंने तीन पीढ़ियों के लिए प्रति वर्ष लगभग 50 जेरूसलम आटिचोक के पौधे उगाए। सर्वोत्तम बढ़ते क्लोनों के लिए प्रत्येक पीढ़ी का चयन करना। उन्होंने अगली पीढ़ी से पहले एक-दूसरे को बड़े पैमाने पर पार-परागण किया।

हर साल, मैंने लगभग 15% नई किस्मों को बचाया। मैं अब उन्हें क्लोन के रूप में विकसित करता हूं। एक क्लोन हमेशा एक क्लोन होता है। मेरे क्लोन व्यावसायिक रूप से उपलब्ध क्लोनों की तुलना में मेरे पारिस्थितिकी तंत्र और पाक आवश्यकताओं के लिए बेहतर अनुकूल हैं। मैं किसी भी समय प्रजनन परियोजना को फिर से शुरू कर सकता था। क्योंकि मैं एक परागण करने वाली आबादी का विकास करता हूं, हर साल नए बीज बनते हैं। उनमें से कुछ अंकुरित हो सकते हैं और नई खेती कर सकते हैं।

गोल्डफिंच को सूरजमुखी के बीज बहुत पसंद हैं। बड़ी संख्या में बीज एकत्र करने के लिए, मैं या तो पंखुड़ी-गिरावट के तुरंत बाद कटाई करता हूं, या बीज-सिर के ऊपर एक जालीदार बैग रख देता हूं।

हम जेरूसलम आर्टिचोक को सूप, रोस्ट और हलचल-फ्राइज़ में थोड़ी मात्रा में मिलाकर पकाते हैं। उनके पास उन लोगों के लिए गैसी होने की प्रतिष्ठा है जो प्रोबायोटिक रूप से खाने के अभ्यस्त नहीं हैं। छोटी खुराक पेट फूलने से बचने में मदद करती है। हम दूध में जड़ों को

उबालते हैं और सूप बनाने के लिए ब्लेंड करते हैं। हम उन्हें लैक्टो-किण्वित करते हैं।

लहसुन

मोनोकल्चर क्लोनिंग से लहसुन के जीनोम को आलू से भी ज्यादा नुकसान हुआ है। अधिकांश क्लोन बीज बनाने में असमर्थ होते हैं।

हमने मध्य एशिया में तियान शान पर्वत से जंगली पूर्वजों को प्राप्त किया। उन्होंने बीज बनाने की क्षमता को बरकरार रखा है। हम तत्काल उपयोग के लिए नए क्लोन बना रहे हैं। लंबे समय तक यह परियोजना स्थानीय रूप से परागित लहसुन की एक स्थानीय किस्म का उत्पादन कर सकती है। हम कहते हैं कि हम "सच्चे लहसुन के बीज" उगा रहे हैं।

लहसुन में बल्ब और बीज की फली दोनों होते हैं। बल्ब एक साथ कसकर बढ़ने लगते हैं और फूल के तनों को कुचल देते हैं। इससे बचने के लिए हम फूल खुलने के ठीक बाद बुलबुलों को हटा देते हैं। कुछ किस्मों में बल्ब होते हैं जो शिथिल रूप से जुड़े होते हैं। अन्य बल्ब मजबूती से पालन करते हैं। मैं उन बल्बों का चयन करता हूं जो जोस्ट करने पर आसानी से गिर जाते हैं। कुछ पौधे बिना कंदों को हटाए सफलतापूर्वक बीज बना सकते हैं।

बैंगनी धारीदार किस्में पैतृक लहसुन से सबसे अधिक निकटता से संबंधित हैं, और सबसे उपयोगी रही हैं।

सर्दियों में बोई गई विधि से लहसुन की बुवाई सबसे विश्वसनीय रही है। कुछ बीज बिना ठंडे उपचार के अंकुरित हो जाते हैं। मैं उन किस्मों का पक्ष लेता हूं। लंबे समय तक, मैं प्याज की तरह लहसुन को वसंत ऋतु में वार्षिक रूप से बोना चाहता हूं।

पहली पीढ़ी के लहसुन के बीजों का अंकुरण लगभग 5% हो सकता है। पीढ़ी दर पीढ़ी

परागित लहसुन के बीज

बीज उगाकर, हम उन किस्मों का चयन कर रहे हैं जो अधिक आसानी से बीज पैदा करती हैं।

लहसुन की किस्मों को प्राप्त करने के लिए लहसुन का अवराम ड्रकर एक अद्भुत संसाधन है जो असली बीज पैदा करने में सक्षम हैं।

पेड़

क्लोनिंग पेड़ आम है। ब्रांड पहचान और निरंतरता के कारण यह फायदेमंद है। यह खाद्य सुरक्षा की दृष्टि से खतरनाक है। यह एक कीट पर काबू पाने वाले रक्षा तंत्रों के कारण, सिस्टम की व्यापक फसल विफलता का जोखिम उठाता है। अरेबिका कॉफी, और कैवेंडिश केला दुनिया भर में वितरण के साथ पेड़ की फसलें हैं जिन्हें आसन्न सिस्टम–व्यापी विफलता से खतरा है। वे क्लोनिंग पर आधारित खाद्य प्रणाली के खतरों के उदाहरण हैं।

अधिकतम खाद्य सुरक्षा के लिए, मैं बीज से खाद्य–उत्पादक पेड़ उगाने की सलाह देता हूं। यह स्थानीय अनुकूलन की अनुमति देता है। यह कीटों और रोगों के प्रति प्रतिरोधक क्षमता प्रदान करता है। बाद में पुस्तक में मैं बीज वाले पेड़ों पर चर्चा करने के लिए एक उपखंड समर्पित करता हूं।

पूरे बढ़ते मौसम का उपयोग करना

विभिन्न प्रजातियों को उगाने से वर्ष के अलग–अलग समय में फसल की कटाई होती है। सभी मौसमों में अन्न उगाने से खाद्य सुरक्षा में वृद्धि होती है। विभिन्न प्रकार की फसलें उगाने से विभिन्न भंडारण विधियों की अनुमति मिलती है। कमरे के तापमान पर एक सूखी शेल्फ पर स्क्वैश स्टोर करें। जड़ वाली फसलें ठंडी, नम, अंधेरी जगहों में सबसे अच्छी तरह से संग्रहित होती हैं। स्प्रिंग ग्रीन्स बाहर से मुंह से हाथ मिलाने के लिए बहुत अच्छे हैं।

मेरे एक पड़ोसी ने अगस्त के मध्य में पालक की खेती की। यह युवा पौधों के रूप में ओवरविन्टर करता है। वसंत ऋतु में, यह खाने के लिए तैयार है इससे पहले कि कोई और बीज बोने के बारे में सोचे।

मशरूम

एक घर में विविधता जोड़ने के लिए मशरूम अद्भुत हैं। वे आम तौर पर भारी वर्षा की अवधि के दौरान फलते हैं। उस समय काम करने के लिए बगीचा बहुत कीचड़ भरा होता है। मशरूम उगाने का समय!

मैं केवल बाहर मशरूम उगाता हूं। मैं इनडोर ग्रो के लिए हर चीज को स्टरलाइज करने की कोशिश करने को तैयार नहीं हूं। मैंने एक रसायनज्ञ के रूप में दशकों तक काम किया। बंध्याकरण मेरे लिए असंतोषजनक है। मुझे यह भावनात्मक या दार्शनिक रूप से पसंद नहीं है। और यह बहुत अधिक काम है।

मेरा मूल तरीका यह है कि किसी भी कास्ट–ऑफ मशरूम के टुकड़ों को धोने के लिए इस्तेमाल किए गए पानी में मिलाएं। उपयुक्त बढ़ती सामग्री पर घोल को डंप करें।

उपयुक्त आवासों में लगाए जाने पर मशरूम खुद के लिए बचाव करते हैं। हार्वेस्ट में नम मौसम के दौरान या उसके तुरंत बाद उन पर जाँच करना शामिल है।

पुस्तक में बाद में मशरूम उगाने पर एक खंड है।

स्प्रिंग ग्रीन्स

मैं स्कीरेट उगाता हूं। यह एक बारहमासी है, और वसंत ऋतु में साग की मेरी शुरुआती फसल है। गर्मी और पतझड़ के दौरान, मैं इसके स्वाद की परवाह नहीं करता। सर्दियों के बाद साग से वंचित होने के बाद, स्कीरेट एक विशेष उपचार है। मेरे लिए, सिंहपर्णी केवल तभी खाने योग्य होती है जब गर्म मौसम के किसी भी संकेत से पहले छाया में उगाए गए पौधों से उठाया जाता है।

मिस्र के प्याज बर्फ पिघलने के दो सप्ताह बाद कटाई के लिए तैयार हैं। वे वसंत ऋतु में पहली चीज एक आत्मा–संतोषजनक भोजन हैं। मैं उन्हें पूरी गर्मियों में हरे प्याज के रूप में खाता हूं। मेरी बढ़ती परिस्थितियों में, वे पूरे बढ़ते मौसम के दौरान स्कैलियन पेश करते हैं।

केल, पत्ता गोभी, या ब्रसेल्स स्प्राउट्स सर्दियों में अधिक हो सकते हैं। शुरुआती वसंत में उत्पादित साग वर्ष का सबसे मीठा होता है।

जड़ वाली फसलें

मैं सूरजमुखी, गाजर और शलजम उगाता हूं जो सर्दियों के दौरान जमीन में रहते हैं। यह जानकर सुकून मिलता है कि जब भी जमीन जमी नहीं होती है तो मैं उन्हें खोद सकता हूं। ठंड को कम करने के लिए मैं पतझड़ में उनके ऊपर पुआल रख सकता हूं।

सर्दियों के दौरान जमीन में जमा गाजर

रूट सेलर्स उन फसलों को स्टोर करते हैं जो अंधेरे, नम परिस्थितियों में सबसे अच्छा करते हैं। मेरे दादाजी की जड़ का तहखाना जमीन में एक छेद था जिसमें कुछ बाल्टी आलू थे। उसने उसे एक बोर्ड और पुआल से ढक दिया।

बीज

बीज बचत से रोपण के लिए आवश्यकता से कई अधिक बीज उत्पन्न होते हैं। कई प्रकार के बीज या तो स्वयं खाने योग्य होते हैं, या ब्रेड, हलचल–तलना, या सूप में जोड़े जाते हैं।

स्पाइस ब्लोअर बीजों को खाने योग्य आटे में बदल सकते हैं। ताजा तैयार सरसों का मसाला लाजवाब है।

बहु-प्रजाति विविधता

एक प्रजाति के भीतर जैव विविधता को बनाए रखने के अलावा, हम अतिरिक्त प्रजातियों को विकसित करके अपने बगीचों की विविधता और विश्वसनीयता को बढ़ा सकते हैं। केवल आम फलियों को उगाने के बजाय, मैं फवा, गार्डन मटर, विंटर मटर, रनर बीन, लुपिनी, टेपरी, लोबिया, गरबानो, लीमा बीन, दाल, मेथी, अल्फाल्फा और ग्रासपी

उगाता हूं। रोग, परजीवी, खरपतवार, कीट या मौसम के पैटर्न के एक ही समय में सभी प्रजातियों पर काबू पाने की संभावना नहीं है।

कुछ फलियां गर्म/आर्द्र मौसम पसंद करती हैं। कुछ गर्म/शुष्क मौसम में पनपते हैं। कुछ ठंढ सहिष्णु या शीतकालीन प्रतिरोधी हैं। उनके बीच कई प्राथमिकताओं के साथ, मौसम की परवाह किए बिना, किसी न किसी किस्म के पनपने की संभावना है।

मैं कुछ वैकल्पिक प्रजातियों का स्वाद पसंद नहीं कर सकता। जीवित रहने की स्थिति में, मैं उन्हें खाऊंगा, और उनसे प्यार करूंगा। अंजीर के पत्ते वाले लौकी में सफेद मांस होता है, और बीज तरबूज की तरह व्यवस्थित होते हैं। यह स्वाद में लाजवाब है। यह कीड़े और बीमारियों को कुचलने के लिए अभेद्य लगता है। इसके बीज बड़े और खाने योग्य होते हैं।

जंगली भोजन इकट्ठा करना

अनाज, मशरूम, पेड़ और औषधीय जड़ी–बूटियाँ ऐसी प्रजातियाँ हैं जिन्हें जंगल में लगाया जा सकता है और आवश्यकतानुसार काटा जा सकता है। कई जंगली प्रजातियां भोजन के लिए उपयोगी होती हैं। खाद्य स्रोत के रूप में उनका लाभ उठाना उतना ही आसान है जितना कि क्या कहाँ और कब बढ़ता है, इस पर ध्यान देना, फिर उचित समय पर उन पर जाँच करना। मुझे निम्नलिखित की तरह अपने लिए हार्वेस्ट मेम बनाना पसंद

- जब घास 6 इंच लंबी हो तो नैतिकता की जाँच करें।
- मेरे भाई के जन्मदिन पर खूबानी ग्रोव देखें।
- बर्फ को पिघले दो हफ्ते हो चुके हैं, प्याज की कटाई करें।
- दो दिन पहले बारिश हुई थी। सीप मशरूम की तलाश करें।

खाद्य सुरक्षा के लिए खरपतवार महत्वपूर्ण हैं। वे दूर से खरीदी जा सकने वाली किसी भी चीज़ की तुलना में अधिक स्थानीय रूप से अनुकूलित हैं। मैं लेट्यूस की तुलना में अधिक जंगली मेमने खाता हूं। मैं स्टोर से खरीदे गए बटन मशरूम की तुलना में अधिक जंगली–निर्मित सीप मशरूम खाता हूं।

Seed Swap
Ogden Seed Exchange
Saturday
Feb 9TH, 2019
10:00 AM - NOON
OGDEN PREPARATORY ACADEMY
1415 LINCOLN AVE. - OGDEN
NOTE- Begining this year only locally grown and saved seeds will be welcome at this event.
You do not have to bring your own seeds to participate and remember to bring envelopes or baggies for your trade or purchase.
FOR QUESTIONS EMAIL US : OGDENSEEDEXCHANGE@GMAIL.COM
VISIT OGDEN SEED EXCHANGE ON FACEBOOK
Supported By:
EXTENSION
UtahStateUniversity
School GARDEN
GRAND PRISMATIC SEED
ROCKY MOUNTAIN SEED ALLIANCE
Joseph Lofthouse
Landrace Seedsman
Delectation of Tomatoes, etc.
www.delectationoftomatoes.com
GROUNDS FOR COFFEE
"A Legal Brew"

9 स्थानीय किस्मों का रख–रखाव

को सामुदायिक प्रयास के रूप में सबसे आसानी से बनाए रखा जाता है। सबसे अच्छी और मजबूत स्थानीय किस्में वे हैं जो एक स्थानीय या क्षेत्रीय समुदाय में व्यापक रूप से उगाई जाती हैं।

मैं अक्सर पड़ोसियों के साथ बीजों की अदला–बदली करता हूं। यह मुझे उस स्थानीयकरण का लाभ उठाने देता है जो उन्होंने हमारी घाटी में किया है। मैं कुछ पड़ोसियों की प्रथाओं को दूसरों से बेहतर जानता हूं। कुछ पड़ोसी लंबे समय तक सहयोगी रहे हैं और मुझे उनके बीज पर पूरा भरोसा है और मैं इसे बड़ी मात्रा में लगाता हूं। मैं अन्य पड़ोसियों के बारे में कुछ नहीं जानता। मैं उनके बीज को विदेशी बीज के रूप में मानता हूं और सीमित मात्रा में या अर्ध–पृथक में पौधे लगाता हूं।

ओग्डेन सीड एक्सचेंज स्थानीय रूप से अनुकूलित बीजों को साझा करने और प्राप्त करने के लिए मेरा सबसे महत्वपूर्ण स्थान है। स्वैप में "केवल स्थानीय बीज" की नीति है।

मैं एक किसान के रूप में यह अपना कर्तव्य समझता हूं कि उन फसलों के लिए स्वस्थ और संपन्न स्थानीय आबादी को बनाए रखें जो मेरे द्वारा खिलाए जाने वाले लोगों द्वारा सबसे अधिक वांछित हैं। ऐसा करने के लिए मेरा प्रोटोकॉल है:

- पड़ोसियों के साथ बीज स्वैप करें।
- कभी–कभी नए आनुवंशिकी जोड़ें।
- हर साल कुछ पुराने बीज रोपें।
- विविधता बनाए रखने के लिए पर्याप्त बड़ी आबादी विकसित करें।
- चयन के दौरान उदार रहें।
- प्राकृतिक रूप से पाए जाने वाले संकरों को प्राथमिकता दें।

नई आनुवंशिकी जोड़ें

मैं समय–समय पर अपनी स्थानीय किस्मों में कुछ नई किस्में जोड़ता हूं। मैं उन्हें विदेशी किस्में कहता हूं क्योंकि वे इस क्षेत्र से नहीं हैं। नई सामग्री में कुछ ऐसा हो सकता है जो मेरे बगीचे को चाहिए। अगर वे

अच्छा करते हैं, तो मैं उनसे बीज बचा सकता हूँ। यदि वे खराब प्रदर्शन करते हैं, तो वे पराग में योगदान कर सकते हैं। मैं हर साल 10 प्रतिशत तक गैर–स्थानीय रूप से अनुकूलित बीज बोता हूं, इसके बारे में चिंता किए बिना यह मेरी स्थानीय रूप से अनुकूलित किस्मों को नाटकीय रूप से प्रभावित करता है।

नए आनुवंशिकी का निरंतर अंतर्वाह अंतर्प्रजनन अवसाद को कम करता है। यह प्रभावी जनसंख्या आकार को अधिक रखता है। यह उपयोगी जीन ला सकता है।

पुराने आनुवंशिकी रखें

हर साल मैं अपने रोपण में पिछले कई वर्षों के बीज शामिल करता हूं। मैं ऐसा इसलिए करता हूं ताकि आबादी के आनुवंशिक संतुलन को एक विषम बढ़ते मौसम से मौलिक रूप से स्थानांतरित न किया जा सके। यह उन पौधों को बनाए रखने में मदद करता है जो गर्म या ठंडे मौसम में, और गीले या सूखे मौसम में अच्छा करते हैं। यह बीज मेरी फसल में लगभग 10 से 30 प्रतिशत का योगदान देता है।

बड़ी आबादी को तरजीह दें

बीज की बचत और पौधों के प्रजनन के लिए सबसे अच्छा अभ्यास इनब्रीडिंग अवसाद से बचने के लिए बड़ी आबादी को बनाए रखना है। मैं जनसंख्या आकार निर्दिष्ट नहीं करने जा रहा हूं। बस एक बीज को पीढ़ी दर पीढ़ी न लगाएं।

ऐतिहासिक रूप से, एक समुदाय के रूप में बीज साझा करके बड़ी आबादी को बनाए रखा गया था। जनसंख्या का आकार समुदाय के सभी बगीचों में उगाए गए सभी पौधों की जनसंख्या के बराबर होता है। पिछली कई पीढ़ियों के बीज बोने से कुल जनसंख्या का आकार बढ़ जाता है। छोटे बगीचों और बड़े बगीचों के बीजों को मिलाने से कुल जनसंख्या का आकार बढ़ जाता है।

मैं उन फसलों में जनसंख्या के आकार के बारे में चिंता नहीं करता जो अत्यधिक विविध हैं। यह ज्यादातर उन किस्मों को पार करने में एक समस्या है जो पहले से ही अंतर्वर्धित हैं।

जोश में कमी उन प्रजातियों में ध्यान देने योग्य नहीं है जो ज्यादातर स्वयंभू हैं। हम उनकी तुलना उनके साथियों से कर रहे हैं जो पहले से ही इनब्रीडिंग डिप्रेशन से पीड़ित हैं।

मुझे हाइब्रिड बीन्स उगाना बहुत पसंद है। वे जोरदार और मजबूत हैं। कुछ पीढ़ियों के लिए वे बगीचे में सबसे जोरदार हैं। फिर वे आधारभूत इनब्रीडिंग में वापस आ जाते हैं और जोश खो देते हैं।

बीज बचाने वाला साहित्य इनब्रीडिंग से बचने के लिए पौधों की बड़ी आबादी बढ़ने के नियमों से भरा है। उन सिफारिशों को उन फसलों के लिए तैयार किया गया है जो 8 से 50 पीढ़ियों के लिए अत्यधिक अंतर्वर्धित हैं। स्थानीय किस्मों के भीतर उच्च विविधता अंतःप्रजनन अवसाद के जोखिम को कम करती है।

सीमित स्थान वाले माली इस अध्याय में दिए गए दिशा-निर्देशों का पालन करके, सीमित स्थान में, जोरदार बीज उगा सकते हैं।

एक तकनीक जिसका उपयोग मैं सीमित स्थान में अधिक आबादी को बनाए रखने के लिए करता हूं, वह है क्राउड प्लांटिंग। उदाहरण के लिए, मैं 10 से 25 टमाटर के पौधे एक झुरमुट में लगाता हूं। या मैं छह इंच (15 सेंटीमीटर) की दूरी पर टमाटर की एक पंक्ति लगाता हूं।

उदारता से चुनें

चयन करने का अर्थ है विभिन्न आकार, आकार, रंग, बनावट, स्वाद और परिपक्वता तिथियों वाले पौधों से बीजों को बचाना। मैं बड़े-बड़े पौधों से बहुत सारे बीज बचाता हूं, और संघर्ष करने वाले पौधों से कम बीज बचाता हूं। मैं उन पौधों से अधिक बीज बचाता हूं जो कम स्वाद वाले पौधों की तुलना में महान स्वाद वाले भोजन का उत्पादन करते हैं। यदि भोजन खाने योग्य है, तो यह बीज बचाने के लिए एक उम्मीदवार है। यह आनुवंशिक विविधता को संरक्षित करते हुए जनसंख्या को स्थानीयकृत होने की अनुमति देता है। विविधता बीज को किसान की बदलती जलवायु, कीड़े, मिट्टी और प्रथाओं के अनुकूल होने की अनुमति देती है।

क्रॉसिंग को प्राथमिकता

दें यदि मैं एक आम तौर पर स्वयंभू प्रजातियों के बीच एक स्वाभाविक रूप से होने वाली संकर को देखता हूं, तो मैं उस बीज को अलग से सहेजता हूं। इसे अगले साल के गार्डन में खास जगह मिलती है। मैं दुर्लभ संकरों को संजोता हूं, क्योंकि वे जोरदार हैं। उनके पास अद्वितीय आनुवंशिकी है जो मेरे बगीचे में पनप सकती है।

स्वाभाविक रूप से पार किए गए पौधों से बीज बचाकर, मैं उन संतानों का चयन करता हूं जिनके पार होने की संभावना अधिक होती है। शायद फूल थोड़े और खुले थे। शायद उनके पास एक गंध या रंग था जो परागणकों के लिए अधिक आकर्षक था। संतान अपने माता-पिता और दादा-दादी के समान होते हैं; इसलिए प्राथमिकता से क्रास्ड बीजों को रोपना जनसंख्या को उच्च क्रॉसिंग दरों की ओर ले जाता है।

सारांश

ये प्रथाएं स्थानीय रूप से अनुकूलित फसलों के लिए एक बड़ा आनुवंशिक आधार बनाए रखती हैं, और अंतःप्रजनन अवसाद से बचने में मदद करती हैं। इस तरह से बनाए गए स्थानीय किस्म के जनसंख्या आकार में सभी बगीचों में सभी वर्षों में उगाए गए सभी पौधे शामिल हैं। यह प्रोटोकॉल मौजूदा स्थानीय किस्मों के संरक्षण की अनुमति देता है जबकि उन्हें बदलती परिस्थितियों के लिए लगातार अनुकूल बनाने की अनुमति देता है।

आनुवंशिक रूप से विविध बीज के दूर भविष्य में जीवित रहने की अधिक संभावना है। समय-समय पर नए आनुवंशिकी को जोड़ने से आनुवंशिक विविधता में वृद्धि होती है। पिछले वर्षों से बीज के चयन और रोपण में उदार होने से स्थानीय अनुकूलन और एक बड़े जनसंख्या आकार को बनाए रखने में मदद मिलती है। क्रास्ड सीड को बचाने से जनसंख्या को बदलती परिस्थितियों के अनुकूल बनाने में मदद मिलती है। एक समुदाय के भीतर साझा करना व्यक्तिगत कमजोरियों और मंदी को कम करने में मदद करता है।

फ्रीलांस पर्माकल्चर:
स्ट्रॉबेरी और मशरूम

बीज से उगाया गया बेर

10 कीट और रोग

मैं अपने बगीचे में कीटों और रोगों का स्वागत करता हूं। क्योंकि वे मेरे पौधों को मजबूत और लचीला बनने के लिए मार्गदर्शन करते हैं, मैं पौधों, जानवरों, कवक और सूक्ष्म जीवों की सभी प्रजातियों का स्वागत करता हूं। वे मुझे खुशी लाते हैं।

मैं कीड़ों को मारने, या बीमारियों को मिटाने की कोशिश नहीं करता। मैं उनके जीवित रहने में सहायता भी कर सकता हूं। मैं अपने बगीचे पर जहर नहीं छिड़कता। मैं जहर के विकल्प के साथ स्प्रे नहीं करता। मैं चाहता हूं कि मेरे पौधे मौजूदा पारिस्थितिकी तंत्र के साथ पूरी तरह से संगत हों। इसलिए, मेरे पौधे मेरे हस्तक्षेप के बिना जीवित या मर जाते हैं। मैं अक्सर कीटों या बीमारियों पर ध्यान नहीं देता। अगर मुझे स्वादिष्ट उपज की फसल मिल रही है, तो मैं विवरण के साथ खिलवाड़ नहीं करता।

यह रवैया मुझे समय, पैसा और तनाव बचाता है। प्रारंभिक लागत बचत स्पष्ट है। मैं इनपुट खरीदने के लिए पैसे खर्च नहीं कर रहा हूं, न ही उन्हें लागू करने के लिए श्रम। कम स्पष्ट दीर्घकालिक लाभ हैं। मेरे पौधों को कीड़ों और बीमारियों के साथ सह–अस्तित्व की अनुमति देकर, पौधे उन किस्मों के लिए स्व–चयन कर रहे हैं जो बग और बीमारियों की उपस्थिति में पनपती हैं।

प्रतिरोध पर लौटें

मैं राउल रॉबिन्सन कीकी ओरकी अत्यधिक अनुशंसा करता हूं प्रतिरोधलौटने: कीटनाशकों की निर्भरता को कम करने के लिए फसलों का प्रजनन। (Raoul Robinson — Return to Resistance: Breeding Crops to Reduce Pesticide Dependence). यह पीडीएफ के रूप में डाउनलोड के लिए स्वतंत्र रूप से उपलब्ध है। जिस तरह से मैंहूंउनकी सलाह को याद करता, वह यह है कि वह बीमारियों और कीटों से भरे क्षेत्रों में फसल उगाने की वकालत करते हैं। यद्यपि यह प्रति–सहज प्रतीत हो सकता है, केवल उन पौधों को हटा दें जो कीटों

या बीमारियों के लिए अतिसंवेदनशील प्रतीत होते हैं, फिर उन लोगों के लिए सफल वर्षों में बचे हुए लोगों में से चुनें जो अच्छा प्रदर्शन करते हैं।

उनकी विधि उन पौधों के लिए चुनती है जिनमें कई जीन होते हैं जिनमें से प्रत्येक में थोड़ा प्रतिरोध होता है। इसे क्षैतिज प्रतिरोध कहते हैं। प्रत्येक जीन का पौधे के समग्र स्वास्थ्य पर केवल एक छोटा सा प्रभाव होता है। यदि कोई कीट या रोग एक जीन पर हावी हो जाता है, तो पौधे के पास अभी भी कई अन्य हैं जो समग्र प्रतिरोध में योगदान करते हैं।

जब एक एकल जीन का प्रतिरोध पर बहुत अधिक प्रभाव पड़ता है (जैसा कि शुरुआती संपन्न पौधों के मामले में हो सकता है), इसे ऊर्ध्वाधर प्रतिरोध कहा जाता है। जीवित रहने के लिए ऊर्ध्वाधर प्रतिरोध पर भरोसा करने वाले पौधे अचानक सिस्टम–वाइड विफलता के लिए अतिसंवेदनशील होते हैं।

बीज कैटलॉग में, विशेष रूप से टमाटर के साथ, पौधों में प्रतिरोध जीन की सूची होना आम है, उदाहरण के लिए: वीएफएनटीए। लोग सोचते हैं कि एक पौधे में जितने अधिक जीन होते हैं, उसका प्रतिरोध उतना ही अधिक होता है।

राउल के काम को पढ़ने और अपने बगीचे पर ध्यान देने के बाद मैं एक अलग निष्कर्ष पर पहुंचा हूं।

एकल जीन प्रतिरोध विफलता के लिए अतिसंवेदनशील होते हैं, जिससे उस एक जीन के आधार पर प्रतिरोध के कारण सिस्टम की व्यापक विफलता होती है। बड़े पैमाने पर परागण करने वाली टमाटर परियोजना में, हमने जानबूझकर पुरानी किस्मों के साथ शुरुआत करना चुना, जिन्हें प्रतिरोध जीन के नाम से नहीं जाना जाता है। क्योंकि वे 100% आउटक्रॉसिंग हैं, वे अत्यधिक प्रतिरोधी पौधों में छोटे प्रभाव वाले कई जीनों को फिर से संयोजित करने के लिए, जीनों को तेजी से फेरबदल करते हैं।

कोलोराडो आलू बीटल

कोलोराडो आलू भृंग मेरे आलू को परेशान नहीं करते हैं, भले ही मेरे बगीचे में भृंग और आलू दोनों आम हैं। मेरे बगीचे में पूरे साल भृंग रहते हैं। इसका मतलब है कि मैं उनके साथ एक बहु–वर्षीय अनुबंध कर सकता हूं। मैं उनके आनुवंशिकी और उनकी संस्कृति दोनों को प्रभावित कर सकता हूं।

भृंगों के साथ मेरा अनुबंध कुछ इस प्रकार है:

- मैं अपने बगीचे में कभी जहर नहीं लगाऊंगा, न ही अनुबंध का पालन करने वाले किसी भी भृंग को परेशान करूंगा।
- भृंग जंगली सोलनम फिजलीफोलियम खा सकते हैं जो मेरे बगीचे में एक खरपतवार के रूप में उगता है। मैं केवल खरपतवार खाने वाले भृंगों को नुकसान नहीं पहुँचाऊँगा।
- मैं बगीचे के कुछ क्षेत्रों में खरपतवार को उगने दूंगा।
- सब्जी पर पाए जाने वाले भृंग कुचल जाते हैं।
- कोई भी पालतू पौधा जो बार–बार भृंगों को आकर्षित करता है, उसे काट दिया जाता है।

यह काफी हद तक अनुबंध है। भृंग खरपतवार खाते हैं। वे सब्जियां अकेला छोड़ देते हैं। यह रणनीति हवा में उड़ने वाले कीड़ों के साथ काम नहीं करेगी। यह साल भर निवासियों के साथ काम करता है।

एक माँ भृंग उसी प्रजाति के पौधे पर अपने अंडे देती है, जिस पर उसने अपने अंडे दिए थे। यह भृंग संस्कृति है जिसका मैंने उल्लेख किया है। भृंग के बच्चे बड़े होते हैं और वही करते हैं जो उन्होंने अपनी माँ से सीखा है। एक आत्म–प्रबलित करने वाला आनुवंशिक घटक भी हो सकता है, क्योंकि भृंग सोलनम मातम खाना पसंद करते हैं। जो लोग सब्जियां खाते हैं उनके प्रजनन की संभावना कम होती है।

कभी–कभी, एक विशिष्ट टमाटर या आलू का पौधा बार–बार संक्रमित हो जाता है। भृंग जो संक्रमित कर रहे हैं और सब्जी के पौधे दोनों मारे गए हैं। मैं ऐसी सब्जियां नहीं उगाना चाहता जो गंध या बनावट

पैदा कर रही हों जो भृंगों को भ्रमित करती हैं, अनुबंध की शर्तों को खराब करती हैं। मैं ऐसे भृंगों की पीढ़ी नहीं बढ़ाना चाहता, जिन्हें घरेलू पौधे आकर्षक लगते हों। मैं भृंगों पर पशु प्रजनन करता हूं, और सब्जियों पर पौधे प्रजनन करता हूं, उन्हें शांतिपूर्वक सह–अस्तित्व के लिए प्रोत्साहित करता हूं।

पक्षी और स्तनपायी

पहले साल मैंने एस्ट्रोनॉमी डोमिन स्वीट कॉर्न उगाया, इसमें फेनोटाइप्स की व्यापक विविधता थी। कुछ पौधे कमर तक ऊंचे हो गए थे, इसलिए तीतरों के लिए कोब खाने के लिए कॉब्स एकदम सही ऊंचाई पर थे। मैंने ऊँचे पौधों से ही बीजों को बचाया। बाद की पीढ़ियों में, तीतरों ने मकई की फसल को परेशान नहीं किया।

कुछ साल बाद, रैकून और झालर ने विभिन्न प्रकार के मकई का शिकार करना शुरू कर दिया। मैंने उन्हें वह करने दिया जो वे चाहते थे। मैंने उन बीजों को कोब से बचाया जिन्हें क्रिटर्स नहीं खाते थे। कुछ वर्षों के बाद, डंठल सख्त हो गए थे। कोब्स जमीन से ऊंचे हो गए। स्तनधारियों द्वारा भविष्यवाणी अब कोई समस्या नहीं थी।

पौधों ने पक्षियों और स्तनधारियों के साथ अपनी समस्याओं का समाधान स्वयं किया। मैंने सोचा कि मैं बीज के लिए क्या काट रहा था। यदि कोई पौधा जमीन पर सपाट पड़ा था, और जानवरों ने केवल ऊपर का आधा भाग ही खाया था, तो मैंने उसके बीजों को नहीं बचाया। मैंने केवल ऊँचे, मज़बूत पौधों के बीजों को कोब से बचाया था, जिन्हें जानवरों ने नहीं खाया था।

शिकारी–विरोधी चयन का एक अनजाने में होने वाला दुष्प्रभाव यह था कि कोब अब जमीन से बहुत ऊपर हैं। वे छाती ऊँचे होते हैं, जिससे कटाई आसान हो जाती है। मुझे फसल काटने के लिए झुकना पसंद नहीं है।

फ़ज़्ज़

फजी पत्ते या फल, कीड़े या स्तनधारियों का शिकार होने रोकते तो मैं कई प्रजातियों पर fuzziness की खोज कर रहा हूँ हो सकता है। कम

कीट के काटने से, कम रोगाणु और वायरस पौधे में समाप्त हो जाते हैं। शायद फ़ज़ से फलों पर, विशेष रूप से रेगिस्तान में, या अधिक ऊंचाई पर धूप से झुलसने की समस्या कम हो जाती है।

फजी फलों की कटाई का मतलब कटाई के समय दस्ताने पहनना हो सकता है। मैं पहले से ही ओकरा के लिए ऐसा करता हूं। मैं इसे अन्य फसलों के साथ करना ठीक रहेगा।

अगर मैं फजी टमाटर के फलों का चयन करता हूं, तो वे केवल टमाटर ही डिब्बाबंद कर सकते हैं। मुझे अपनी जीभ पर फज का अहसास पसंद नहीं है। विंटर स्क्वैश पर इससे कोई फर्क नहीं पड़ेगा, क्योंकि मैं आमतौर पर विंटर स्क्वैश स्किन नहीं खाता।

खिलना अंत सड़ांध

मैंनेसाथ लोगों के ट्रैवेल्स के बारे में पढ़ा। वे गलत मिट्टी प्रदान करने, या असंगत पानी देने के लिए खुद को दोषी मानते हैं। वे फलों को सड़ने से बचाने के लिए विस्तृत उर्वरक प्रोटोकॉल और विदेशी सामग्री का उपयोग करते हैं।

मेरे टमाटर और स्क्वैश ब्लॉसम एंड रोट से परेशान नहीं हैं। ऐसा इसलिए है क्योंकि मैं इसे अपने बगीचे में बर्दाश्त नहीं करता। यदि किसी पौधे में एक भी फल होता है जिसमें खिलना अंत सड़ जाता है, तो जैसे ही मैं देखता हूं, पूरा पौधा नष्ट हो जाता है। मेरा बगीचा नो-एक्सक्यूज़ ज़ोन है।

ब्लॉसम एंड रोट के प्रति मेरा रवैया यह है कि यह मिट्टी की समस्या या पानी की समस्या नहीं है। यह माली की लापरवाही के कारण नहीं है। मैं पौधे में एक आनुवंशिक प्रवृत्ति के लिए ब्लॉसम एंड रोट का श्रेय देता हूं। उन पौधों के लिए चयन करना तुच्छ है जो अंत सड़ांध के खिलने के लिए प्रवण नहीं हैं।

यदि आप उन पौधों से बीजों को बचाते हैं जिनमें खिलना अंत सड़ गया था, तो आप उस विशेषता को जारी रखने के लिए चयन कर रहे हैं। अपने आप को और आने वाली पीढ़ियों को एक एहसान करो, और उन किस्मों के बीजों को उगाना और बचाना बंद करो जो खिलने के लिए अंत

सड़ांध के लिए प्रवण हैं। हमें टमाटर की पुरानी किस्मों को विकृत लक्षणों के साथ तैयार करने की आवश्यकता नहीं है।

पतंगे और तितलियाँ

मैं अपने बगीचे में जीवन का स्वागत करता हूँ। मेरी फसलों के बीच रहने के लिए सभी प्रजातियों का स्वागत है। पतंगे और तितलियाँ मुझे खुशी देती हैं। मुझे उनके लिए प्रदान करने में प्रसन्नता हो रही है। लोग टमाटर हॉर्न–वर्म के कैटरपिलर को खराब करते हैं, क्योंकि वे टमाटर के पत्ते खाते हैं। वे बड़े हो जाते हैं, और बहुत खाते हैं! मैंने कुछ अतिरिक्त टमाटर फलों के लिए कैटरपिलर पर लड़ाई लड़ने वाले लोगों के बारे में पढ़ा। मुझे हमिंगबर्ड मॉथ के साथ टमाटर साझा करते हुए खुशी हो रही है। मेरी फसल बहुतायत से उगती है। साझा करने के लिए बहुत सारे टमाटर हैं। कैटरपिलर हमिंगबर्ड मॉथ में बदल जाते हैं, जिनका मेरे दिल में एक विशेष स्थान है, क्योंकि मैंने उन्हें अक्सर दादी के फूलों के बिस्तरों के पास लेटे हुए देखा था। जब मैं उन्हें देखता हूं तो मेरा दिल गाता है।

हमिंगबर्ड मोथ

कभी–कभी, कैटरपिलर परजीवी ततैया की मेजबानी करते हैं, जो मेरे पारिस्थितिकी तंत्र के लिए और कीट आबादी को कम करने के लिए अच्छा है। हमिंगबर्ड पतंगों में अतिरिक्त लंबी जीभ होती है, जो फसलों को परागित कर सकती है, अन्य परागणक नहीं पहुंच सकते हैं। मेरा स्थानीय पारिस्थितिकी तंत्र स्वस्थ है क्योंकि मैं टमाटर हॉर्नवॉर्म को अपने बगीचे के साथ सह–अस्तित्व की अनुमति देता हूं। मैं परजीवी ततैया के लिए घोंसले के शिकार स्थल प्रदान करता हूं।

इसी तरह, मैं गोभी के पतंगे और उनके कैटरपिलर का स्वागत करता हूं। मैं एक अक्षुण्ण पारिस्थितिकी तंत्र बनाए रखता हूं, और इसलिए, उनकी संख्या मध्यम है। मैं लाल गोभी और केल उगाता हूं, क्योंकि हरे

कैटरपिलर शिकारियों को अधिक दिखाई देते हैं, जो स्वाभाविक रूप से अपनी संख्या को नियंत्रित रखते हैं।

मेरे पारिस्थितिकी तंत्र में, गोभी के पतंगे गर्मियों की मानसूनी बारिश के साथ उड़ते हैं। ओवरविन्टरिंग ब्रासिका जैसे कि विंटर हार्डी केल और ब्रसेल्स स्प्राउट्स को पतंगे के आने से पहले काटा जाता है। कुछ वसंत–रोपित ब्रैसिका प्रजातियों को पतंगों के आने से पहले काटा जाता है। अन्य प्रजातियों को पतंगे पसंद नहीं हैं।

मैं अपने खेतों में दिखावटी मिल्कवीड को खरपतवार के रूप में अनुमति देता हूं। यह हर गर्मियों में शायद सौ मोनार्क तितलियों को खिलाती है। यदि एक मिल्कवीड का पौधा लगातार बढ़ रहा है, तो मैं इसे बढ़ने देता हूं, शायद इसे जगह देने के लिए निकटतम सब्जियों का त्याग भी करता हूं।

सूक्ष्म जीव

मैं अपने शरीर और खेतों में माइक्रोबायोम को एक बहुमूल्य संसाधन मानता हूं। मैं उन पदार्थों को खेत या शरीर में लाने से बचता हूँ जो मेरे और मेरे खेतों में रहने वाले सूक्ष्मजीवी जीवन को नुकसान पहुँचा सकते हैं। प्रत्येक प्रजाति जीवन के नृत्य में महत्वपूर्ण भूमिका निभाती है। माइक्रोबायोम के कुछ हिस्सों को मिटा देना मेरे लिए मूर्खता होगी, बिना यह जाने कि वे क्या भूमिका निभाते हैं।

जितना लंबा मैं बाग लगाता हूं, यह उतना ही स्पष्ट होता जाता है, कि मुझे उस मिट्टी का एक नमूना भी साझा करना चाहिए जिसमें प्रजातियां बढ़ीं, ताकि जितना संभव हो उतना बरकरार पारिस्थितिकी तंत्र को स्थानांतरित किया जा सके। मेरे पौधे मेरे खेत और शरीर के माइक्रोबायोम से घनिष्ठ और सहक्रियात्मक रूप से जुड़े हुए हैं। बीज बोने से पहले उन्हें चूसना, उस माइक्रोबायोम के एक हिस्से को खेत में वापस करने का एक शानदार तरीका है।

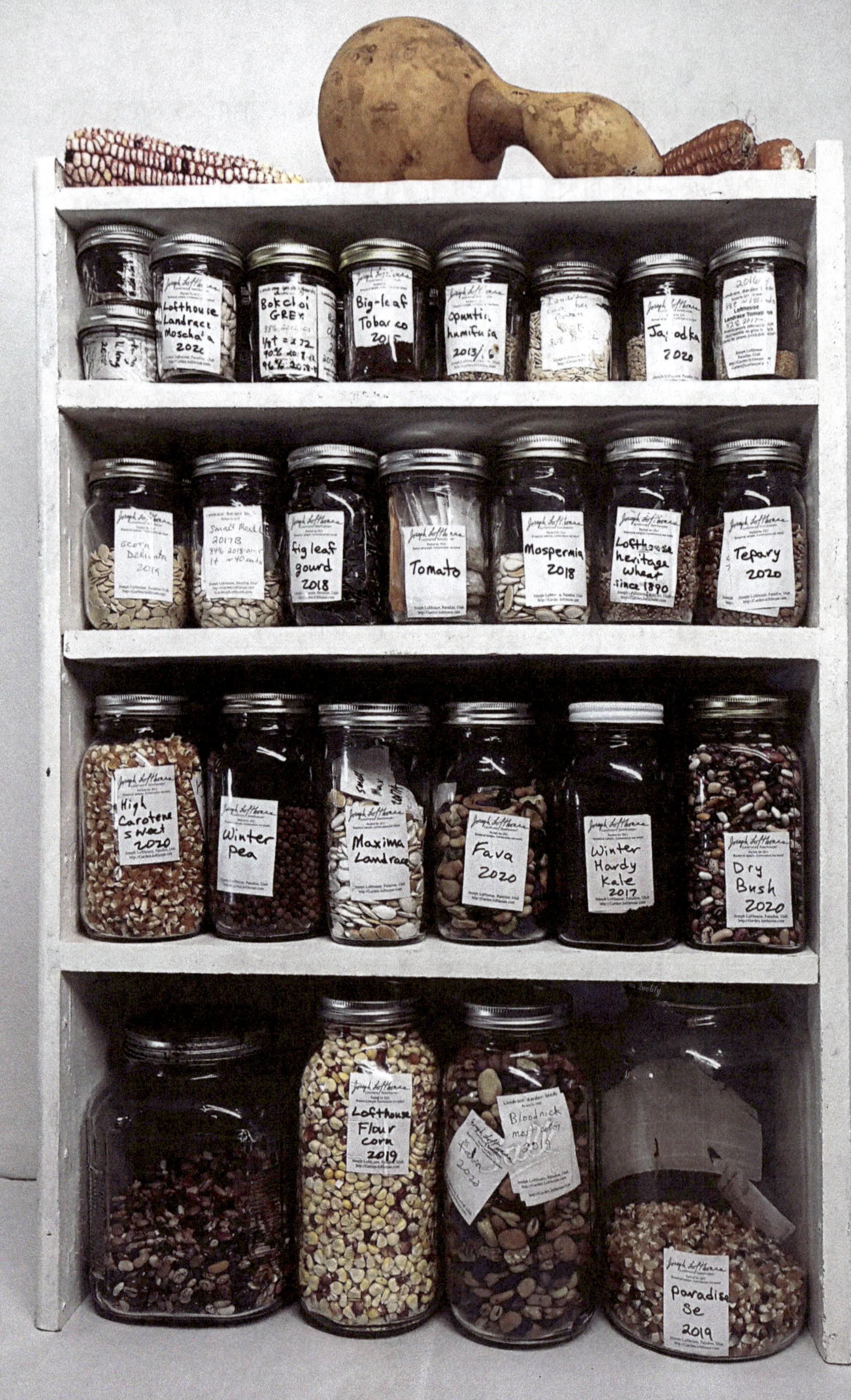
Lofthouse Landrace Moschata 2020
Big-leaf Tobacco 2015
fig leaf gourd 2018
Tomato
Mospermia 2018
Lofthouse heritage wheat since 1890
Tepary 2020
High Carotene sweet 2020
Winter Pea
Maxima Landrace
Fava 2020
Winter Hardy Kale 2017
Dry Bush 2020
Lofthouse Flour corn 2019

11 बचत बीज

बीजों की बचत स्थानीय किस्मों के साथ बीज की बचत बागवानी का एक अभिन्न अंग है। हम अपने बगीचों को अपनी विशिष्ट बढ़ती परिस्थितियों और चीजों को करने के तरीके को आनुवंशिक रूप से विविध बीज लगाकर, उन्हें पार–परागण करने की अनुमति दे सकते हैं, और फिर बीजों को बचा सकते हैं और फिर से लगा सकते हैं।

बीजों को सहेजना जटिल, अत्यधिक शामिल और तकनीकी प्रक्रिया नहीं है जिसकी कुछ लेखक वकालत करते हैं। लेखन के आविष्कार से पहले, अनपढ़ लोग बीज बचा रहे थे। उन्होंने हमारी सबसे लोकप्रिय खाद्य फसलें विकसित कीं। पौधे के बीज लचीले होते हैं। इससे कोई फर्क नहीं पड़ता कि हम बीजों को बचाने के लिए किन विशिष्ट तकनीकों का उपयोग करते हैं। हमें अपने बीजों को रोबोट की तरह साफ करने की जरूरत नहीं है। हमारे बीज बोने पर बढ़ने की संभावना है। स्थानीय किस्मों के साथ बागवानी के बारे में महत्वपूर्ण बात यह है कि स्थानीयकृत, आनुवंशिक रूप से विविध बीजों को सहेजना और उनका पुनर्रोपण करना है।

बीज की बचत के संबंध में आवश्यक ज्ञान यह है कि पौधे बीज पैदा करते हैं, और यह कि बीज एक नया पौधा उगाने के लिए लगाए जा सकते हैं। यह जानना भी अच्छा है कि संतान अपने माता–पिता और दादा–दादी से मिलती–जुलती है, और यह कि कभी–कभी एक विशेषता एक पीढ़ी को छोड़ देती है। हम शायद नहीं जानते कि पिता कौन है। हम जान सकते हैं कि मां कौन है। भाई–बहनों में समान लक्षण होते हैं, चाहे वे पूर्ण भाई–बहन हों या सौतेले भाई–बहन।

एक स्थानीय माली के रूप में, मैं पौधों की शुद्धता के बारे में ज्यादा चिंता नहीं करता। एक सूखा सूप बीन एक सूखा सूप बीन है, रंग, आकार या प्रजातियों की परवाह किए बिना।

लोग कहते हैं कि घर के बागवानों को बीजों को नहीं बचाना चाहिए क्योंकि वे सच में प्रजनन नहीं कर सकते। मेरे लिए, यह बीज बचाने का एक बड़ा कारण है। मुझे मदर प्लांट के क्लोन नहीं चाहिए। मैं एक

आनुवंशिक रूप से विविध, क्रॉस–परागण परिवार विकसित करना चाहता हूं, ताकि वंश मेरे बगीचे में स्थानीयकृत हो सकें। स्थानीय किस्मों के माली के रूप में बीजों को बचाने से अलगाव के मुद्दे कम हो जाते हैं जो उन लोगों के लिए मुश्किल होते हैं जो अत्यधिक नस्ल की खेती में शुद्धता बनाए रखने की कोशिश कर रहे हैं। मैं चाहता हूं कि मेरे पौधे पर–परागण हों।

मनुष्य सामाजिक प्राणी हैं। हम एक दूसरे के साथ साझा और सहयोग करके बढ़ते हैं। यहां तक कि अगर मैं अपने खेत के लिए आवश्यक बीज की हर प्रजाति नहीं उगाता, तो भी मैंने आस–पास के उत्पादकों का एक सहयोग नेटवर्क विकसित किया है। हम आपस में बीज बांटते हैं। मुझे अपने बीज साझा करने वाले नेटवर्क से प्यार है, क्योंकि हो सकता है कि बीज बिल्कुल मेरे बगीचे के अनुरूप न हो, लेकिन यह मेरी घाटी के अनुकूल है। यदि मेरे स्थानीय नेटवर्क में आनुवंशिक रूप से विविध स्थानीय बीज नहीं हैं, तो मेरे सहयोगी दूर से ही आनुवंशिक विविधता में योगदान दे सकते हैं।

कटाई के बीज

दो मुख्य तरीके हैं। बीज सूखे पौधे सामग्री में हैं, या वे गीले फलों के अंदर हैं।

सूखी कटाई

सूखी पौधों की सामग्री के लिए, कटाई में आम तौर पर पौधे की सामग्री को कुचलना होता है, फिर स्क्रीनिंग और/या विनोइंग के माध्यम से बीज को भूसी से अलग करना होता है। यह पूरी तरह से सूखे पौधों पर सबसे अच्छा काम करता है।

यदि पौधे के सूखने से पहले बीज गिर रहे हैं, तो मैं पौधों को चुनता हूँ और उन्हें बारिश और ओस से दूर एक टार्प पर रख देता हूँ। जब वे सूख जाते हैं, तब मैं थ्रेसिंग और विनो करता हूं।

सूखे–कटाई वाले बीज कम बारिश में सुरक्षित रहते हैं। अगर बारिश के हफ्तों के लिए पूर्वानुमान है, तो मैं उन्हें तूफान से पहले काट सकता

हूं, और उन्हें एक सूखी हवादार जगह में थ्रेसिंग तक स्टोर कर सकता हूं। नमी और फफूंद सूखे कटे हुए बीजों के मित्र नहीं हैं।

कुछ बीज कप जैसी फली में आराम करते हैं। पपीता एक उदाहरण है। उनकी कटाई करना उतना ही आसान है, जितना कि एक कंटेनर के ऊपर फली को उल्टा करना। यदि बीज को एक आसान तकनीक से अधिक सफाई से काटा जाता है तो बीज की फली को कुचलने का कोई मतलब नहीं है।

कुछ बीज की फली उन पर कदम रखने से आसानी से कुचल जाती है। अन्य बीज की फली को अधिक बल की आवश्यकता होती है, जैसे कि छड़ी से पीटना। मुझे वास्तव में पौधों को खींचना पसंद है, और उन्हें कूड़ेदान के अंदर तब तक मारना पसंद है जब तक कि बीज बाहर न गिरें। मैं इस तकनीक का उपयोग सेम, सलाद, सरसों, काले, सन जैसी फसलों के लिए करता हूं।

जांच के बाद बीज भूसी में रह जाते हैं। इन सामग्रियों के लिए महान उपयोग जानवरों को खिला रहे हैं, या बगीचे या जंगली भूमि के बीज बोने वाले वर्ग हैं।

जिन बीजों को हम बचा रहे हैं, उन्हें व्यावसायिक बीजों की तरह प्राचीन नहीं दिखना चाहिए। वे अभी भी बड़े होते हैं, भले ही हम बीज के साथ कुछ भूसा लगाते हैं।

मैं अपने सब्जियों के बीजों के साथ खरपतवार के बीजों की कटाई से बचता हूँ। अगर मैं खरपतवार के बीज नहीं काटता, तो मुझे बाद में उनसे निपटने की ज़रूरत नहीं है। सब्जी के बीजों को खरपतवार के बीजों से अलग करने में स्क्रीन वास्तव में प्रभावी हो सकती है। विनोइंग तकनीक भी एक प्रभावी पृथक्करण रणनीति हो सकती है। फॉक्स-टेल घास के बीज को आसानी से स्क्रीनिंग या विनोइंग द्वारा सूखी झाड़ी की फलियों से अलग किया जाता है।

बीज से गंदगी को अलग करना मुश्किल है। मैं बीज के साथ गंदगी को शामिल करने से बचने के लिए, जमीन के स्तर से ऊपर के पौधों को काटने के लिए कतरनी का उपयोग करना पसंद करता हूं।

गीले बीजों की कटाई

बीज कीअक्सर फल खाने के साथ–साथ होती है।

फलों में गीले बीजों के लिए किण्वन आम है, क्योंकि उनके पास सुरक्षात्मक झिल्ली होती है जिन्हें बीज के अंकुरित होने से पहले सड़ने की आवश्यकता होती है। बीज निकालें, और उन्हें शून्य से पांच दिनों तक सड़ने दें, फिर बीज को गूदे से अलग करने के लिए प्लवनशीलता या कोलंडर का उपयोग करें।

टमाटर के लिए मेरी तकनीक यह है कि फल के निचले हिस्से को फूल के सिरे के पास काट लें, फिर रस को एक कंटेनर में निचोड़ लें। तापमान के आधार पर कंटेनर को कम या ज्यादा तीन दिनों तक बैठने दें। बीज आगे की प्रक्रिया के लिए तैयार होते हैं जब बीज के चारों ओर का जेल–बोरा बिखर जाता है। कंटेनर में पानी डालें। लुगदी तैरती है। बीज डूब जाते हैं। कई बार धोने से बीज गूदे से अलग हो जाते हैं। खीरे में बीज के चारों ओर एक जेल कोट भी होता है, जो कुछ दिनों के किण्वन के बाद विघटित हो जाता है।

खरबूजे और तरबूज में ज्यादा जेल कोट नहीं होता है। बीजों को काटा जा सकता है और तुरंत साफ होने तक एक कोलंडर में धोया जा सकता है। कुछ स्क्वैश बीजों के चारों ओर एक जेल कोट होता है, लेकिन मैं आमतौर पर स्क्वैश बीजों को किण्वित नहीं करता, क्योंकि जेल कोट सूख जाता है और विनोइंग के दौरान उड़ जाता है। मैं एक कोलंडर में निहित बीजों के खिलाफ पानी के एक जेट के साथ बीज को लुगदी से अलग करता हूं।

बीज को सूखने के लिए फैला दें। फफूंदी से बचने के लिए बीजों को अच्छी तरह और जल्दी सुखा लें।

अच्छे बीजों को खाली बीज कोटों से अलग करने के लिए विनो।

बीज व्यवहार्यता

बीज पूर्ण परिपक्वता से बहुत पहले व्यवहार्यता तक पहुंच जाते हैं। अपरिपक्व फलों में अक्सर व्यवहार्य बीज होते हैं। हो सकता है कि वे पूरी तरह से परिपक्व बीजों की तरह जोरदार तरीके से न उगें, लेकिन वे

बढ़ते हैं। कस्तूरी खरबूजे और मोस्काटा स्क्वैश उगाने की कोशिश के मेरे पहले कुछ वर्षों में, फल बहुत अपरिपक्व थे। एक फल के अंदर बीज परिपक्व होना जारी रख सकते हैं, भले ही इसे चुना गया हो।

यदि गीला रहते हुए बीज जम जाता है तो बीज की व्यवहार्यता को गंभीर नुकसान हो सकता है। मैं सख्त जमने से पहले गीली बीज वाली फसलों की कटाई करता हूं। समशीतोष्ण प्रजातियों के पूरी तरह से सूखे बीज बिना नुकसान के जमे हुए जा सकते हैं।

फफूंदी या नमी बीज की व्यवहार्यता को कम कर देती है। मैंने कटाई के बाद बीजों को फैलाया ताकि वे बिना ढलाई के जल्दी और अच्छी तरह से सूख सकें।

बीजों का भंडारण

यदि हम बीजों को बचा रहे हैं, तो उन्हें अच्छी तरह से संग्रहित करना महत्वपूर्ण लगता है।

बीज भंडारण के संबंध में सामान्य ज्ञान ठंडा, गहरा और सूखा है। मैं ठंडे से मतलब कमरे के तापमान की व्याख्या करता हूं, और अंधेरे का मतलब सीधे धूप में नहीं है।

बीज भंडारण

कूल
डार्क
ड्राई
सेफ

एक महान बीज भंडारण रणनीति को उन विशिष्ट तरीकों को ध्यान में रखना चाहिए जिससे बीज खो जाते हैं। मेरे व्यक्तिगत अनुभव में, बीज

आमतौर पर निम्नलिखित तरीकों से खो जाते हैं या क्षतिग्रस्त हो जाते हैं: मानव फाइबल्स, जानवर, कीड़े, नमी, गर्मी, क्षय और आपदाएं।

मानवीय त्रुटियां

मानवीय त्रुटियों के कारण बीज गायब होने का सबसे आम तरीका है। दादाजी की मृत्यु हो जाती है और घर की सफाई करने वाले लोग कीमती पारिवारिक विरासत को फेंक देते हैं। लोगों का तलाक हो जाता है और गैर–बागवानी करने वाला जीवनसाथी बीज को छीन लेता है। बीज गलत हो जाते हैं। आंधी के दौरान वे ट्रक के पीछे छूट जाते हैं। चोर चोरी करते हैं। चीजें गिर जाती हैं या टूट जाती हैं। भंडारण इकाई पर किराए का भुगतान नहीं किया जाता है।

मानवीय दुर्बलताओं के लिए बीज खोने से बचने के सर्वोत्तम तरीकों में से एक है, दूसरों के साथ शांतिपूर्ण सहयोग का जीवन जीना। मैंने गैर–मौजूदगी, फसल खराब होने और चूहों के कारण क़ीमती किस्मों को खो दिया है। जब मेरे सहयोगियों को पता चलता है तो वे कहते हैं, "आपने पांच साल पहले मुझे वह विविधता दी थी। मुझे इससे प्यार है! मैंने तुम्हें बीज का एक पैकेट भेजा है।"

मैं अपने बगीचे के बीजों की संग्रह प्रतियां मित्रों और रिश्तेदारों के घरों में रखता हूं। अगर मेरी मुख्य्य बीज आपूर्ति के साथ कुछ बुरा होता है, तो मेरे पास अभी भी बैकअप बीज हैं। मैं अपने बीजों की संग्रह प्रतियां सहयोगियों को भेजता हूं। वे बीजों को छिपा सकते हैं, या रोप सकते हैं, या उन्हें दान कर सकते हैं। कई बार मेरे पास सहयोगी के ठिकाने से बीज वापस मेरे पास आए हैं।

जानवर

मेरे जीवन में दो बार, चूहों ने मेरे बीज भंडार में प्रवेश किया है और लगभग हर बीज को खा लिया है। दोनों मौके मेरे चले जाने के बाद हुए और बीज का एक डिब्बा गैरेज में रह गया। चूहों ने प्लास्टिक के टोटे और गत्ते के बक्सों को चबाया और शीशे के जार में रखे बीज की एक बोतल को छोड़कर बीज का पूरा भंडार खा लिया।

अब, बीजों के लिए मेरी पसंदीदा भंडारण विधि स्टील के ढक्कन वाले कांच के जार हैं। मैंतक के आकार का उपयोग करता हूं चार औंस (0.15 किग्रा) से लेकर एक गैलन।

बड़ी मात्रा में, मैं ढक्कन पर पेंच के साथ पांच गैलन (19 लीटर) प्लास्टिक की बाल्टियों का उपयोग करता हूं।

कभी–कभी मैं बीज की एक बोतल खेत में गिरा देता हूं, और वह टूट जाती है। इन दिनों, मैं जितने बीज बोना चाहता हूं, उन्हें प्लास्टिक बैग में स्थानांतरित कर देता हूं और घर आने पर कांच के जार में अतिरिक्त लौटा देता हूं। मैं बीज के बहुत से छोटे पैकेट चौड़े मुंह वाले जार में भर देता हूं।

बग्स

बग्स अगला सबसे आम तरीका है जिससे मैं बीज खो देता हूं। वे प्लास्टिक, कागज और कार्डबोर्ड को भी चबाते हैं। वे छोटी–छोटी दरारों से छिप जाते हैं। मैं अक्सर बीज के पैकेट को देखकर नहीं बता सकता कि उसमें कीड़े हैं या नहीं। कई प्रकार के कीड़े हैं जो बीजों पर हमला करते हैं। कुछ मेरे बीज के भंडार में अंडे के रूप में आते हैं जिन्हें बीज के साथ काटा जाता है। अन्य प्रसंस्करण या भंडारण के दौरान आते हैं।

फ्रीजिंग कीड़े को मारता है। बीज को जमने से पहले सूखा और भंडारण के लिए तैयार होना चाहिए। ठंडे नम बीज भ्रूण को नुकसान पहुंचा सकते हैं। होम फ्रीजर में कुछ दिन पर्याप्त हैं। फ्रीजर से निकालने के बाद नमी के अवशोषण को रोकने के लिए एक भली भांति बंद करके सील किए गए जलरोधक कंटेनर (प्लास्टिक बैग या कांच के जार) में फ्रीज करें।

मैंने सूखे बीजों पर जमने से पहले और बाद में अंकुरण परीक्षण किया है। मैंने जिन समशीतोष्ण किस्मों का परीक्षण किया है, उन पर मैंने हानिकारक प्रभाव नहीं देखा है। ठंड से उष्णकटिबंधीय बीजों को नुकसान हो सकता है।

बीजों की बोतल को जोर से हिलाने से कीड़े और अंडे यांत्रिक रूप से कुचल जाते हैं। मैं ठंड से पहले और बाद में बीजों को हिलाता हूं।

मैं कांच के जार में भंडारण करके पुन: संक्रमण से बचाता हूं।

किराना दुकान से मेरे घर में बीज खाने वाले कीड़े आ जाते हैं। मैं संक्रमण को जारी नहीं रहने देता। जब भी मुझे कीड़े दिखाई देते हैं, तो पेंट्री की पूरी तरह से सफाई हो जाती है। अगर मैं कीड़ों की आबादी कम रखूं, तो उनके मेरे बीज खाने की संभावना कम होगी। मैं किराने की दुकान से आने वाले कीड़ों की संख्या को कम करने के लिए आने वाले अनाज उत्पादों को फ्रीज करता हूं। आने वाले बीजों को सीड स्टैश में डालने से पहले फ्रीज कर दिया जाता है।

सीड रूम में साल भर रहने के लिए मकड़ियों का स्वागत है।

नमी

E भंडारण के दौरान अतिरिक्त नमी बीजकम कर देती हैकीजीवन प्रत्याशा को, या सूक्ष्मजीवों के विकास को प्रोत्साहित करती है। सूखे बीज कैसे होते हैं, इसका अनुमान लगाने के लिए मैं कुछ सीट–ऑफ–द–पैंट विधियों का उपयोग करता हूं। मैं एक काटने का परीक्षण करूँगा। यदि बीज अभी भी काटने के लिए पर्याप्त नरम है, तो यह स्टोर करने के लिए बहुत नम है। एक और परीक्षण जो मैं उपयोग करता हूं वह है कांच के जार या बीजों के प्लास्टिक बैग को बाहर धूप में रखना। अगर कंटेनर के अंदर नमी जमा हो जाती है तो वे बहुत नम हैं।

मेरी अति–शुष्क जलवायु में, बीज कम नमी तक आसानी से सूख जाते हैं। जो लोग नम जलवायु में रहते हैं उन्हें बीजों को सुखाने के लिए सक्रिय कदम उठाने की आवश्यकता हो सकती है। मुझे 95 डिग्री फ़ारेनहाइट (35 डिग्री सेल्सियस) पर सेट डीहाइड्रेटर का उपयोग करना पसंद है। मैं बीज को टारप या कुकी शीट पर फैलाकर भी सुखाता हूं।

डेसिकैन्ट बीजों में नमी को कम कर सकते हैं। मुझे सफेद चावल का उपयोग करना पसंद है क्योंकि यह आसानी से उपलब्ध है: चावल को लगभग चार घंटे के लिए 107 °C पर ओवन में सुखाएं। ठंडा। एक गैलन आकार के कांच के जार जैसे वायुरोधी कंटेनर में रखें। बीज को कागज या कपड़े के लिफाफे में डालें। लगभग एक सप्ताह तक सुखाएं। एक सहयोगी की रिपोर्ट है कि उसे लाइकेन के साथ समान परिणाम मिलते हैं।

कागज के लिफाफे में बेचे जाने वाले वाणिज्यिक बीजों में आमतौर पर इष्टतम भंडारण के लिए बहुत अधिक नमी होती है। मैं भंडारण से पहले उन्हें सुखाने की सलाह देता हूं। उन्हें कागज के लिफाफे और सभी सुखाया जा सकता है।

एक बार सूख जाने पर, बीजों को वायुमंडलीय नमी से बचाएं।

अपने लेखन में, मैं उत्तरी किस्मों पर ध्यान केंद्रित करता हूं जो मैं उगाता हूं। उष्णकटिबंधीय प्रजातियों के बीज निर्जलीकरण के प्रति अच्छी प्रतिक्रिया नहीं दे सकते हैं।

गर्मी

सूखे बीजों की अधिकांश प्रजातियां कमरे के तापमान पर अच्छी तरह से संग्रहित होती हैं। जैविक प्रणालियों का भौतिक रसायन मोटे तौर पर इस सिद्धांत पर काम करता है कि तापमान में प्रत्येक 10 डिग्री सेल्सियस की वृद्धि के लिए प्रतिक्रिया की दर दोगुनी हो जाती है। इसलिए विभिन्न प्रकार के बीज जो 21 डिग्री सेल्सियस पर आठ वर्षों तक चलने की उम्मीद है, केवल 31 डिग्री सेल्सियस पर चार साल, 41 डिग्री सेल्सियस पर दो साल और 51 डिग्री सेल्सियस पर एक वर्ष जीवित रहने की उम्मीद की जाएगी। बीजों को गर्म स्थान या ठंडे स्थान पर रखने के विकल्प को देखते हुए, ठंडे स्थान का चयन करें।

क्षय

इसी तरह, 10 डिग्री सेल्सियस के तापमान में हर कमी के लिए प्रतिक्रिया की दर आधी हो जाती है। कमरे के तापमान पर 8 साल तक व्यवहार्य रहने की उम्मीद के बीज, रेफ्रिजरेटर में 32 साल या फ्रीजर में 128 साल तक जीवित रहेंगे। यदि सूखे, जमने वाले बीज उनकी जीवन प्रत्याशा को रोक देते हैं। ठंड के तापमान से हटा दिए जाने पर, उनका जैविक क्षय फिर से शुरू हो जाता है।

आपदाओं

मैं आपदाओं के बीज नहीं खोया। फिर भी, मैं उनके लिए योजना बनाता हूं। मैं तीन अलग-अलग काउंटियों में सीड स्टैश रखता हूं। एक छिपाने की जगह बाढ़, जंगल की आग और चोरी के लिए

अतिसंवेदनशील है। दो ठिकाने बाढ़ से प्रतिरक्षित हैं लेकिन भूकंप के लिए अतिसंवेदनशील हैं। सभी चोरी छिपे आग के लिए अतिसंवेदनशील हैं। बीजों को फैलाकर, मैं एक ही समय में उनके नष्ट होने के खिलाफ शमन करता हूं। मेरे प्राथमिक बीज बैंक की अलमारियां दीवार से चिपकी हुई हैं, और भूकंप से बचाने के लिए उनके चारों ओर एक होंठ है। वे कांच के जार में हैं। अगर मुझे सुरक्षा के अतिरिक्त उपाय चाहिए, तो मैं जार के अंदर प्लास्टिक की थैलियां रख सकता हूं ताकि अगर जार टूट भी जाए तो बीज समाहित हो जाएं। अन्य क्षेत्रों के लोगों को अपनी सबसे संभावित आपदाओं के माध्यम से अपने बीज प्राप्त करने की योजनाओं को शामिल करना चाहिए: उदाहरण के लिए, टॉरनेडो गली में बीज दफनाना।

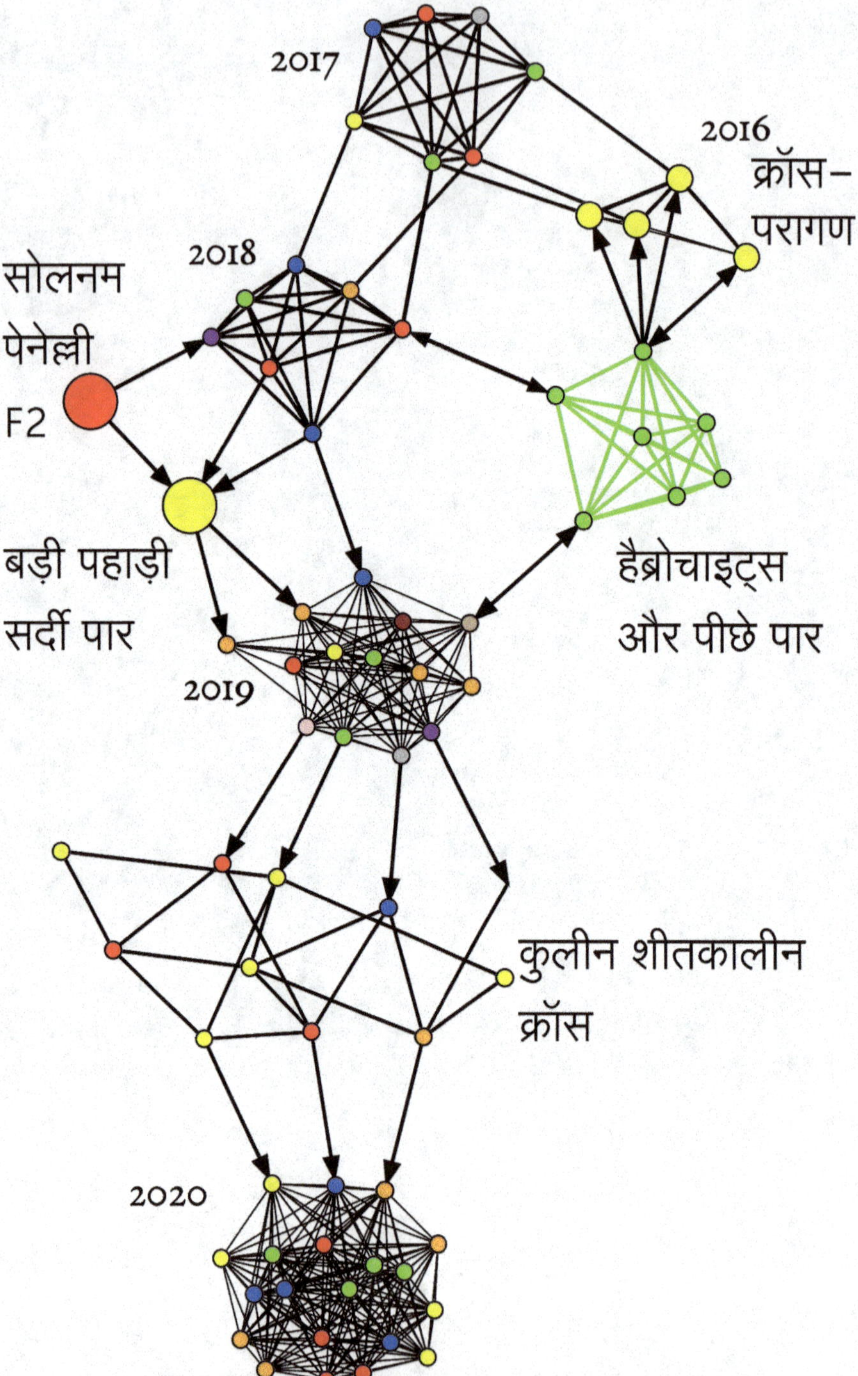

खूबसूरती से खिलने वाले और स्वादिष्ट
टमाटर प्रोजेक्ट की संक्षिप्त वंशावली

12 क्रॉस–परागण टमाटर

खुले टमाटर का फूल

खूबसूरती से फूलने और स्वादिष्ट टमाटर परियोजना का उद्देश्य महान स्वाद वाले स्वयं–असंगत टमाटरों की आबादी बनाना है। परियोजना का प्रशंसनीय वादा यह है कि टमाटर जंगली पूर्वजों से अद्भुत आनुवंशिक विविधता बनाए रखेंगे और 100% आउटक्रॉसिंग होंगे। वे स्वयं के लिए उन समस्याओं को हल करने में सक्षम होंगे जो वर्तमान में जहर, सामग्री, तकनीक या श्रम के माध्यम से निपटाई जा रही हैं। यह नम क्षेत्रों में टमाटर उगाने को बहुत आसान बना सकता है। जंगली आनुवंशिकी के जलसेक ने कई रमणीय स्वाद प्रोफाइल जोड़े।

वर्षों से, इस परियोजना ने मेरा ध्यान, आशाओं और सपनों पर कब्जा कर लिया है। मैं वास्तव में चाहता हूं कि नम जलवायु में लोग बिना स्प्रे या अनावश्यक श्रम के टमाटर को व्यवस्थित रूप से उगा सकें।

आनुवंशिक विविधता का ह्रास

टमाटर को पालतू बनाने से कई आनुवंशिक अड़चनें पैदा हुईं। एक अड़चन तब होती है जब एक किस्म का एक छोटा सा नमूना बड़ी आबादी से अलग हो जाता है। छोटे नमूने में जीनों का एक सीमित उपसमुच्चय होता है। सीमित आनुवंशिक पृष्ठभूमि अंतर्प्रजनन अवसाद और शक्ति की हानि पैदा करती है। नई आबादी में विशिष्ट कीटों, बीमारियों या पर्यावरणीय परिस्थितियों से निपटने के लिए आनुवंशिक बुद्धिमत्ता गायब हो सकती है।

टमाटर की प्राथमिक बाधाओं में शामिल हैं:

- एंडीज से मैक्सिको की यात्रा।
- मेक्सिको से यूरोप की यात्रा।
- यूरोप से बाकी दुनिया की यात्रा।
- दशकों के अंतःप्रजनन

कैसे टमाटर आनुवंशिकी खो गए थे

टमाटर के आदी परागणकों ने उनके साथ बॉटल–नेकिंग यात्रा नहीं की। सामना करने के लिए, टमाटर स्व–परागण और अत्यधिक अंतर्गर्भाशयी बन गए।

लोगों को क्रॉस–परागण के खिलाफ चुना गया, पचास से सैकड़ों पीढ़ियों के लिए विरासत में मिला। साथ में, इन घटनाओं के कारण आनुवंशिक विविधता का 95% नुकसान हुआ। टमाटर आज सबसे अधिक आनुवंशिक रूप से जन्मजात और नाजुक फसलों में से हैं। वे सिस्टम–वाइड पतन के लिए अतिसंवेदनशील हैं।

एक अध्ययन में एक ही जंगली टमाटर की किस्म में सभी अध्ययन की गई घरेलू प्रजातियों की तुलना में अधिक आनुवंशिक विविधता पाई गई।

जिन टमाटरों का मैंने परीक्षण किया उनमें से अधिकांश फल पकने में विफल रहे। घरेलू टमाटर का प्रजनन समस्याग्रस्त है, क्योंकि इसमें बहुत कम विविधता है जिसके साथ काम करना है। फलों के कुछ रंग और आकार होते हैं, और कुछ पत्ते प्रकार होते हैं। कुल मिलाकर, घरेलू जीनोम कीटों, रोगों और पर्यावरणीय तनाव से निपटने की आनुवंशिक

क्षमता में गंभीर रूप से सीमित है। प्रजाति की पुश्तैनी बुद्धि को भूलकर घरेलू टमाटर अभय बन गए हैं।

कई-से-अनेक परागण

पाला और शीत–सहनशीलता परीक्षण करते समय, मैंने देखा कि जगोडका किस्म के फूलों पर अक्सर भौंरा होता है। बाकी पैच शायद ही कभी परागणकों को आकर्षित करते हैं। इसने मुझे और अधिक विशिष्ट टमाटरों के चयन के बारे में सोचने पर मजबूर कर दिया। एक प्राकृतिक क्रॉस–परागण दर सामान्य 3–5% से अधिक है जो त्वरित स्थानीय अनुकूलन की अनुमति देगा।

विशिष्ट टमाटर के फूलों की खोज के दौरान, हमने जंगली प्रजातियों सोलनम पेनेल्ली और सोलनम हैब्रोचाइट्स की खोज की। उन्हें एक असंबंधित पौधे द्वारा परागण की आवश्यकता होती है। वे 100% आउटक्रॉसिंग हैं। चूँकि वे स्वयं परागण करने में असमर्थ होते हैं, इसलिए उन्हें स्व–असंगत कहा जाता है। वे केवल एक पौधे के साथ पार कर सकते हैं जिससे वे निकट से संबंधित नहीं हैं। फूल विशाल, रंगीन और बोल्ड हैं। परागणकर्ता उन्हें प्यार करते हैं!

जंगली प्रजातियां घरेलू टमाटरों को पराग दान कर सकती हैं। क्रॉस दूसरी दिशा में काम नहीं करता है।

S. pennellii और S. habrochaites दो स्व–असंगत प्रजातियां हैं जो घरेलू टमाटर में आसानी से पार हो जाती हैं। अन्य स्व–असंगत प्रजातियां शायद ही कभी घरेलू टमाटर के साथ सफलतापूर्वक संकरण करती हैं।

हमने घरेलू टमाटर और टमाटर की जंगली प्रजातियों के बीच मैनुअल क्रॉस बनाया, फिर जंगली प्रकार के फूलों के लिए फिर से चुना। फूल विशाल हैं! वर्तिकाग्र (मादा भाग) परागकोश (नर भाग) के बाहर होता है, ताकि वे मधुमक्खी के पेट से रगड़ सकें। प्राथमिक चयन मानदंड विशिष्ट फूलों के लिए है।

इस परियोजना में सबसे चौंकाने वाला अवलोकन फलों की सुगंध, स्वाद और बनावट की जबरदस्त विविधता थी। स्वाद परीक्षकों के

विवरण में जैसे शब्द शामिल हैं: "तरबूज," "यम," "उष्णकटिबंधीय," "फल," "अमरूद," "किण्वक।" हम मिठाई, फल, उष्णकटिबंधीय स्वाद के लिए चयन करते हैं। अधिक अनुकूल समीक्षाओं के कारण, हम मुख्य रूप से नारंगी और पीले फलों के लिए चयन कर रहे हैं।

शेफ बार्नी नॉर्थरूप ने कहा कि वह वास्तव में चाहते हैं कि मैं उस फल से बीज दोबारा लगाऊं जिसका स्वाद समुद्री यूरिनिन जैसा था। जो कुछ भी है!

संकर प्रजातियों के वंशज कई लक्षणों में जबरदस्त विविधता दिखाते हैं। मुझे राक्षस पौधों की रिपोर्ट मिलती है। मैं बौने निर्धारित पौधों का चयन करता हूं क्योंकि वे सुपर क्विक और अत्यधिक उत्पादक हैं। बौना दृढ़ संकल्प एक घरेलू पूर्वज से आया है।

खुले परागकोश

कामुकता के लक्षण विरासत में मिले हैं, और विशाल, रंगीन, खुले फूलों का चयन सीधा है। भौंरा और अन्य प्रजातियां परागण सेवाएं प्रदान करती हैं, इसलिए मानव श्रम को नियोजित किए बिना बड़ी मात्रा में संकर बीज उत्पन्न किए जा सकते हैं। तीन प्रजातियों के संकर आम हैं।

कुछ वर्षों के लिए, हमने मौसम की शुरुआत में फलों के सेट की कमी को देखते हुए, या मैन्युअल रूप से स्व-परागण होने पर फल सेट करने वाले किसी भी पौधे को तोड़कर पूरी तरह से काम करने वाली स्व-असंगति प्रणाली के लिए फिर से चयन करने का प्रयास किया। वे योग्य लक्ष्य हैं, और कोई व्यक्ति जो बहुत सावधानी से काम करता है, उस तरह का काम करके परियोजना को बहुत आगे बढ़ा सकता है। हमें हजारों पौधों और सैकड़ों सहयोगियों के साथ काम करना बहुत बोझिल लगा। वर्तमान में हम बड़े, चमकीले, खुले फूलों का चयन कर रहे हैं।

जीन ज्ञात हैं जो स्व-असंगति प्रणाली को नियंत्रित करते हैं। एक दिन हम डीएनए परीक्षण द्वारा चयन कर सकते हैं।

टमाटर को एक विशिष्ट प्रजाति के रूप में मानने के लिए खुद को और सहयोगियों को प्रशिक्षित करने का यह एक सतत प्रयास है। टमाटर के संकर बनाने का पारंपरिक तरीका एक माँ को पराग दाता है। फिर संतान स्व–परागण करती है।

लोगों को अनेक–से–अनेक दृष्टिकोण का उपयोग करने के लिए प्रेरित करना एक चुनौती रही है। प्रारंभिक क्रॉस के लिए पर्याप्त जंगली पराग दाताओं को शामिल नहीं करना परियोजना में एक प्रारंभिक त्रुटि थी। मैं शुरुआती क्रॉस के लिए 7 से 20 पराग दाताओं का उपयोग करने की सलाह देता हूं।

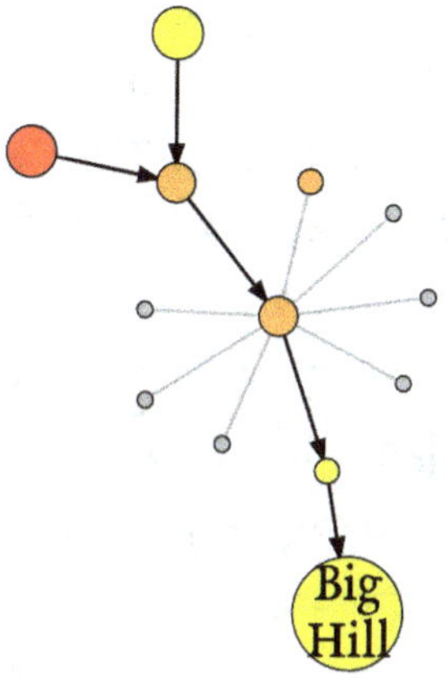

इनब्रीडिंग टमाटर की वंशावली

जंगली आनुवंशिकी की शुरूआत ने शुरुआती पीढ़ियों में स्थानीय अनुकूलन क्षमता को कम कर दिया। वंश अक्सर मेरे बगीचे के लिए बहुत लंबा मौसम था। वे मिट्टी या जलवायु के अनुकूल नहीं थे। जो पौधे बच गए और फले–फूले, वे संकर शक्ति दिखाते हैं।

एक प्रारंभिक विकल्प जो चल रही प्रजनन समस्याओं का कारण बना, वह तीन–प्रजातियों के संकर (लाइकोपर्सिकम, हैब्रोकाइट्स, पेनेल्ली) बना रहा था। उन लोगों के लिए जो शुरू से ही इस परियोजना को फिर से बनाना चाहते हैं, मैं पराग दाता के रूप में या तो एस. पेनेल्ली या एस. हैब्रोचाइट्स को चुनने की सलाह देता हूं, लेकिन दोनों नहीं।

अम्लीय, फंकी स्वाद के साथ अद्भुत फल स्वाद दिखाई दे रहे हैं। हम हर साल उन स्वादों और सुगंधों के लिए चयन करते हैं जो हमें खुश करते हैं। क्योंकि वे बड़े पैमाने पर परागण कर रहे हैं, अजीब स्वाद भविष्य के वर्षों में जारी रहते हैं, हर साल कम हो जाते हैं क्योंकि हम उनमें से बीज को बचाने से पहले हर फल का स्वाद लेते हैं।

स्वयं बनाने वाले संकर

का एक प्रमुख घटक प्राकृतिक प्रणालियों को अधिकांश काम करने देना है। प्रबंधक को केवल समय-समय पर मार्गदर्शन देना होता है।

जंगली टमाटरों में स्व-असंगति जीन होता है, जिसका अर्थ है कि वे स्वयं परागण नहीं कर सकते हैं। यह उन्हें अनिवार्य आउटक्रॉसर बनाता है। प्रत्येक बीज एक अद्वितीय संकर है। घरेलू टमाटर में जीन को शामिल करनेसे हजारों अद्वितीय आनुवंशिक संयोजन आसानी से और स्वचालित रूप से स्वयं टमाटर द्वारा बनाए जा सकते हैं, जो कठिन श्रम को समाप्त करते हैं जो आमतौर पर घरेलू टमाटर संकर के निर्माण के साथ होता है।

बग, वायरस, तुषार, पाला, खरपतवार, स्वाद, रंग आदि से निपटने के लिए कई नए आनुवंशिक संयोजनों का परीक्षण किया जा सकता है। स्व-असंगत टमाटर स्व-प्रजनन हैं। वे अपने लिए उन समस्याओं को हल कर सकते हैं जिन्हें हम पहले स्प्रे, रसायन, तकनीक या श्रम से हल करने का प्रयास कर रहे हैं।

हम घरेलू टमाटर में स्व-असंगत जीन को शामिल करने में सात से नौ पीढ़ियां हैं।

हम इस परियोजना को विपरीत दिशा में भी कर रहे हैं, बड़े फलों के जीन को जंगली टमाटर में शामिल कर रहे हैं। इस दृष्टिकोण को बैक-क्रॉसिंग कहा जाता है।

इस परियोजना का एक अन्य पहलू यह है कि हमने विशुद्ध रूप से जंगली प्रजातियों की स्थानीय रूप से अनुकूलित आबादी बनाई। हम बड़े, स्वादिष्ट फलों और जल्दी पकने वाले फलों का चयन करके उन्हें पालतू बना रहे हैं।

अगर मैं इस परियोजना को फिर से शुरू करता, तो मैं पराग दाताओं के रूप में जंगली प्रजातियों के स्थानीय रूप से अनुकूलित, बड़े फल वाले, स्वादिष्ट उपभेदों का उपयोग करता।

फूलों के प्रकार

इस परियोजना का लक्ष्य टमाटर को पार करना है। संलिप्तता के लिए एक रणनीति स्व-असंगति प्रणाली को शामिल करना है जो उन्हें 100%

आउटक्रॉसिंग बनाती है। हम परियोजना के उस पहलू पर लगन से काम कर रहे हैं। मैं उन टमाटरों का वर्णन करने के लिए "विसंगति" शब्द का उपयोग करता हूं जो स्वयं परागण नहीं कर सकते हैं।

दूसरी रणनीति उन फूलों का चयन करना है जो आउटक्रॉसिंग की सुविधा प्रदान करते हैं, भले ही पौधा आत्म–परागण करने में भी सक्षम हो। यह रणनीति घरेलू उत्तराधिकारियों की तुलना में 10 गुना अधिक होने की संभावना बना सकती है। मैं टमाटर का वर्णन करने के लिए "पैनमोरस" शब्द का उपयोग करता हूं जो आत्म परागण में सक्षम हैं, और जिनमें फूलों के लक्षण हैं जो क्रॉसिंग की संभावना रखते हैं।

टमाटर जो कुछ हद तक बार–बार निकलते हैं, टमाटर की तुलना में अधिक लचीला होते हैं जो शायद ही कभी पार करते हैं। शुद्ध घरेलू टमाटर में अधिक क्रॉसिंग को प्रोत्साहित करने के लिए जो कुछ भी किया जा सकता है, वह सार्थक है।

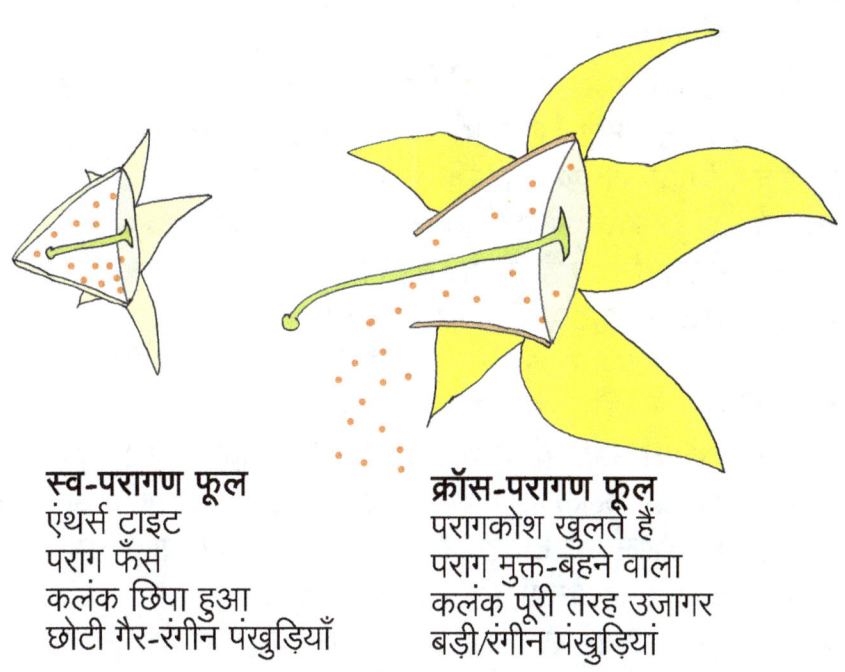

स्व-परागण फूल
एंथर्स टाइट
पराग फँस
कलंक छिपा हुआ
छोटी गैर-रंगीन पंखुड़ियाँ

क्रॉस-परागण फूल
परागकोश खुलते हैं
पराग मुक्त-बहने वाला
कलंक पूरी तरह उजागर
बड़ी/रंगीन पंखुड़ियां

स्व–परागण की तुलना क्रॉस–परागण वाले फूलों से करना

एंथर्स जुड़े नहीं हैं

विशिष्ट जंगली टमाटरों पर फूल बहुत बड़े होते हैं। परागणकों के लिए बड़े फूल अधिक आकर्षक होते हैं। जंगली फूलों में चमकीले रंग होते हैं। घरेलू टमाटरों में छोटे, फीके रंग के फूल होते हैं। यहां तक कि पूरी तरह से घरेलू टमाटर पर, बड़े, उज्ज्वल पंखुड़ियों का चयन करके आउटक्रॉसिंग को बढ़ाया जा सकता है। प्राकृतिक रूप से पाए जाने वाले क्रॉस को बढ़ाने के लिए, अलग-अलग किस्मों को बारी-बारी से रोपण, और उन्हें एक साथ भीड़ लगाकर रोपण करके आउटक्रॉसिंग को प्रोत्साहित किया जा सकता है। हम स्व-परागण के बजाय क्रॉसिंग का पक्ष लेना चुन सकते हैं।

घरेलू टमाटरों में, पंख आमतौर पर एक शंकु बनाते हैं जो पूरी तरह से कलंक को घेर लेता है। यह पराग को फूल में प्रवेश करने और छोड़ने से रोकता है। यह विशेषता, किसी भी अन्य की तरह, घरेलू टमाटरों की उच्च स्व-दर के लिए जिम्मेदार है। शिथिल रूप से जुड़े हुए एथर शंकु, विशिष्ट टमाटरों में आम हैं। हो सकता है कि वे बिल्कुल भी न जुड़े हों। घरेलू बीफ़स्टीक टमाटर में अक्सर एथर शंकु होते हैं जो कसकर जुड़े नहीं होते हैं, इस प्रकार अन्य घरेलू टमाटरों की तुलना में अधिक पार करने की उनकी प्रतिष्ठा में योगदान करते हैं।

विशिष्ट जंगली टमाटरों में अक्सर लंबी शैलियाँ होती हैं जो परागकोशों से परे कलंक का विस्तार करती हैं। इससे क्रॉसिंग में आसानी होती है। कुछ घरेलू चेरी टमाटर ने इस विशेषता को बरकरार रखा है।

कुछ घरेलू टमाटरों में पंखुड़ियों की व्यवस्था होती है जो मधुमक्खियों को फूलों के पास आने से रोकती है। स्व-परागण को बढ़ावा देने के लिए यह बहुत अच्छा है। यह जैव विविधता के प्रतिकूल है।

कभी-कभी, जब मैं जंगली टमाटर के फूलों को टटोलता हूँ, तो पराग का एक विशाल बादल गिर जाता है। पार-परागण को बढ़ावा देने और परागणकों को आकर्षित करने के लिए यह एक महान गुण है।

विशाल क्रॉस-परागण फूल बनाम छोटे इनब्रीडिंग फूल

टमाटर में अमृत नहीं होता है। इसलिए, मधुमक्खियों को फूलों में बहुत कम दिलचस्पी होती है। भौंरा और अन्य देशी कीट मेरे स्थान पर प्राथमिक परागणकर्ता हैं। ग्राउंड-नेस्टिंग डिगर मधुमक्खियां टमाटर के फूलों को परागित करने में विशेष रूप से सक्रिय हैं।

विशिष्ट, स्व-असंगत टमाटरों को परागण के लिए कीड़ों की आवश्यकता होती है। कम से कम, मेरा मानना है कि इसका मतलब कीट आबादी को जहर नहीं देना है। आस-पास परागण-अनुकूल पौधे लगाना और ग्राउंड-नेस्टिंग मधुमक्खियों और अन्य परागणकों के लिए उपयुक्त घोंसले के शिकार स्थल प्रदान करना सबसे अच्छा अभ्यास है।

सहयोग

खूबसूरती से भरपूर और स्वादिष्ट टमाटर परियोजना ने कई सहयोगियों को आकर्षित किया है। लोगों ने मेरे साथ साझा करने के लिए जीन बैंकों से जंगली प्रजातियां प्राप्त कीं। पूरे महाद्वीप से यात्री पौधों को देखने आते हैं। मैं सहयोगियों को रात भर फल भेजता हूं। हमारे पास स्वाद परीक्षण मिलते-जुलते हैं। हम अतिरिक्त पीढ़ियों को प्राप्त करने के लिए, गर्म जलवायु में, ग्रीनहाउस में ओवरविन्टर उगाते हैं। मैंने उन खेतों और बीज बैंकों की यात्रा की जो परियोजना में भाग ले रहे हैं।

रो 7 सीड कंपनी ने कैलिफोर्निया में निपोमो नेटिव सीड्स में विंटर क्रॉसिंग की सुविधा प्रदान की। विलियम श्लेगल और एंड्रयू बार्नी ने कई वर्षों में महत्वपूर्ण योगदान दिया। वर्ल्ड टोमैटो सोसाइटी में एंड्रिया क्लैप, मुझे आगे बढ़ने के तरीके के बारे में रणनीति विकसित करने में मदद करती है। स्नेक रिवर अर्थ आर्ट्स में इवान सोफ्रो और जॉन कैसिया ने विशिष्ट टमाटरों का एक बड़ा क्षेत्र विकसित किया।

इस परियोजना के लिए विशेष रुचि का एक क्षेत्र, इन टमाटरों को बिना फसल सुरक्षा प्रोटोकॉल या स्प्रे के, उन क्षेत्रों में उगाना है, जहां लेट ब्लाइट एक समस्या है। मुझे इस परियोजना पर और सहयोग करना अच्छा लगेगा। प्रायोगिक फार्म नेटवर्क इस परियोजना के लिए मेरे द्वारा उगाए गए बीज को वितरित करता है।

हम उम्मीद कर रहे हैं कि खूबसूरती से भरपूर और स्वादिष्ट टमाटरों में आनुवंशिकी का तेजी से फेरबदल उन्हें लेट ब्लाइट समस्या को हल करने की अनुमति देगा।

मैं अपने जीवन के काम के रूप में खूबसूरती से स्वादिष्ट और विशिष्ट टमाटर परियोजना के बारे में सोचता हूं। कोई फर्क नहीं पड़ता कि ताकत, या महत्वाकांक्षा की सीमाओं के कारण कितनी अन्य परियोजनाएं बंद हो जाती हैं, टमाटर की बड़ी परियोजना जारी रहती है। यह सुंदर, स्वादिष्ट है, और इसमें इंद्रधनुष के अंत में सोने के बर्तन का पीछा करने का आकर्षण है।

क्रॉस–परागण बनाम स्व–परागण
फूल आकार तुलना
(6" x 9 "में वास्तविक आकार
मुद्रित संस्करण)

13 मकई

मुझे मकई उगाना बहुत पसंद है। यह मजबूत, अत्यधिक उत्पादक और प्रक्रिया में बेहद आसान है। मकई कार्बोहाइड्रेट और ऊर्जा में उच्च है। विभिन्न प्रकार के मकई विभिन्न पाक प्रसन्नता प्रदान करते हैं।

मेरे लिए, मकई कम से कम श्रम के लिए सबसे अधिक कैलोरी पैदा करता है। पूरी फसल प्रक्रिया अकेले मानव शरीर के साथ की जा सकती है। किसी उपकरण या उपकरण की आवश्यकता नहीं है। कुक्कुट पूरे मक्के की गुठली खा सकते हैं।

मकई से उन प्रकार के चयापचय संबंधी विकार उत्पन्न होने की संभावना कम होती है जो लोग गेहूं खाते समय अनुभव करते हैं।

इन कारणों से, अगर मैं अपने गांव के लिए प्राथमिक मुख्य फसल के रूप में उपयोग करने के लिए एक प्रजाति का चयन कर रहा था, तो वह मकई होगी।

मेरे पारिस्थितिकी तंत्र में मकई का नुकसान यह है कि इसे सिंचाई की आवश्यकता होती है। मैं छोटे अनाजों को पतझड़ में लगाकर बिना सिंचाई के उगाता हूं। मैं मकई के साथ ऐसा नहीं कर सकता। कुछ पारिस्थितिक तंत्र असिंचित मकई का समर्थन करने में सक्षम हैं। गुच्छों को दूर–दूर तक रोपने से सिंचाई की जरूरतें कम हो सकती हैं।

मकई में एक आउटक्रॉसिंग प्रजनन प्रणाली होती है जो इसे स्थानीय प्रजनन परियोजना के लिए आदर्श बनाती है। यह इनब्रीडिंग डिप्रेशन के लिए अतिसंवेदनशील होने की प्रतिष्ठा रखता है। मैं पारंपरिक ज्ञान का पालन करता हूं कि मकई की किस्म को बनाए रखने के लिए कम से कम 200 पौधे लगाए जाने चाहिए।

मेरे पारिस्थितिकी तंत्र में, अधिकांश मकई पराग ज्यादातर समय लगभग सीधे नीचे गिरते हैं। अधिकांश गुठली स्व–परागण या निकटतम पड़ोसियों द्वारा परागित होती है।

मकई के साथ मैं जिस प्रजनन विधि का उपयोग करता हूं वह आवर्तक सामूहिक चयन है। मैं बीज को थोक में लगाता हूं। मैं उन पौधों से बीज काटता हूं जो फलते–फूलते हैं। एक वैकल्पिक तरीका सहोदर

समूह चयन है, जहां प्रत्येक सिल से कुछ बीज लगाए जाते हैं। पूरे भाई–बहन समूह को एक इकाई के रूप में चुना या चुना जाता है।

एक विशेषता जिसे मैं सूखे मकई में महत्व देता हूं वह है आसान गोलाबारी। मुझे पसंद है कि गुठली कोब से आसानी से निकल जाए। आसान गोलाबारी विशेषता एक उच्च प्राथमिकता चयन मानदंड है। सहोदर समूह अक्सर आसान गोलाबारी विशेषता साझा करते हैं।

स्वीट कॉर्न

तीन प्रकार के स्वीट कॉर्न होते हैं: पुराने जमाने के, शुगर–एन्हांस्ड और सुपर–स्वीट। मैं पुराने जमाने के स्वीट कॉर्न को आनुवंशिक रूप से विविध किस्म के रूप में उगाने पर ध्यान केंद्रित करता हूं, क्योंकि यह मेरे लिए पूरी तरह से विश्वसनीय है।

पहली स्वदेशी किस्म जो मैंने उगाई वह पुराने जमाने की स्वीट कॉर्न थी।

सुगन्धित और सुपर–स्वीट कॉर्न ठंडे बसंत की मिट्टी में मज़बूती से अंकुरित नहीं होते हैं। मैं साल के सबसे गर्म समय के दौरान शर्करा युक्त स्वीट कॉर्न उगाता हूं।

मैं सुपर स्वीट कॉर्न नहीं उगाता। फेनोटाइप को सिकुड़ा हुआ भी कहा जाता है। बीज सिकुड़ जाते हैं। उनके पास पनपने के लिए पर्याप्त संसाधनों की कमी है। एक संबंधित प्रकार के मकई को सहक्रियात्मक कहा जाता है। यह तीन प्रकार के मिठास जीन को जोड़ती है। यह भी मेरे लिए अविश्वसनीय है।

मुझे पुराने जमाने की स्वीट कॉर्न का स्वाद बहुत पसंद है। मुझे चबाने वाली बनावट पसंद है। जब स्वीट कॉर्न का मौसम होता है, तो मैं कार्बोहाइड्रेट के संबंध में किसी भी आहार प्रतिबंध को त्याग देता हूं। मुझे पुराने जमाने का स्वीट कॉर्न खाना बहुत पसंद है!

मिट्टी के गर्म होने के बाद गर्मियों की शुरुआत में शक्करयुक्त स्वीट कॉर्न बेहतर तरीके से अंकुरित होता है। तब तक, यह पतझड़ के ठंढ से पहले तैयार नहीं होने के साथ छेड़खानी कर रहा है।

जैसा कि पहले बताया गया है, मैं एक स्वीट कॉर्न उगाता हूं जिसे पैराडाइज कहा जाता है। यह एक हाइब्रिड है जो पुराने जमाने के स्वीट कॉर्न के अद्भुत स्वाद के साथ शुगर-एन्हांस्ड स्वीट कॉर्न की अतिरिक्त मिठास को जोड़ती है। उस संकर के प्रजनन के बारे में विवरण संकर बनाने के अध्याय में हैं।

स्वीट कॉर्न खाने का मेरा पसंदीदा तरीका खेत में कच्चा है। मेरा अगला पसंदीदा तरीका 10 मिनट के लिए उबाला गया है। स्वीट कॉर्न का स्वाद जल्दी खराब हो जाता है। मैं इसे खाने से तुरंत पहले चुनना पसंद करता हूं।

मेरी जनजाति के फसल उत्सव में आग पर स्वीट कॉर्न फेंकना शामिल है, अभी भी इसकी भूसी में। उन्हें गर्म कोयले में दफनाया जाता है। हम खाना बनाते समय 15 मिनट तक गाते और नाचते हैं। कुछ भाग जलकर बाहर आ जाते हैं। कुछ लगभग कच्चे हैं। यह फसल उत्सव के आकर्षण का हिस्सा है।

एक और तरीका है कि मुझे स्वीट कॉर्न खाने में मजा आता है, कोब से सूखी गुठली निकालने के बाद, गर्म फ्राई पैन में पकाया जाता है। मैं पैन में तेल का एक संकेत जोड़ता हूं। वे फूलते हैं, लेकिन पॉप नहीं करते हैं। पार्च्ड स्वीट कॉर्न, पके हुए मैदा की तुलना में अधिक मीठा और अधिक कोमल होता है। पार्च्ड शुगर-एन्हांस्ड स्वीट कॉर्न विशेष रूप से स्वादिष्ट लगते हैं।

पॉपकॉर्न

मेरा पॉपकॉर्न एक सजावटी आटा मकई और पीले पॉपकॉर्न के बीच एक आकस्मिक क्रॉस के रूप में उत्पन्न हुआ। मुझे पॉपकॉर्न में दिखाई देने वाले बहु-रंगीन कॉब्स बहुत पसंद थे।

अगर मुझे फिर से पॉपकॉर्न पर काम करना होता, तो मैं उस विशेष क्रॉस को बनाने का चुनाव नहीं करता। महान पॉपिंग के लिए फिर से चयन करने में वर्षों लग गए। प्रत्येक सर्दी में, मैंने 177 डिग्री सेल्सियस पर एक इलेक्ट्रिक फ्राइंग पैन सेट का उपयोग करके, प्रत्येक कोब से 20 गुठली निकाल दी। मैंने सबसे अच्छी तरह से निकलने वाले कोब से बीज

लगाए। मैंने वॉल्यूम और प्रतिशत पॉपिंग दोनों को ध्यान में रखा। मैंने प्रत्येक कोब का स्वाद चखा। गैर–रमणीय स्वाद और बनावट खराब हो गए।

एक रिश्ते के टूटने के दौरान मैंने अपना पॉपकॉर्न प्रोजेक्ट खो दिया। यह केवल मेरे लिए खो गया था, समुदाय के लिए नहीं। गिविंग ग्राउंड सीड्स में जूली शीन इसे बेचती है। बैनबरी फार्म में वेन मार्शल, स्नेक रिवर सीड कोऑपरेटिव के लिए लोफहाउस पॉपकॉर्न उगाते हैं।

। कांच मणि चकमक मक्का

फ्लिंट कॉर्न

फ्लिंट कॉर्न में सख्त, घने दाने होते हैं। वे स्पष्ट और कांचदार दिखते हैं। मुझे रसोई में फ्लिंट मकई पसंद नहीं है, क्योंकि यह उपकरण पर कठिन है। फ्लिंट कॉर्न फ्लोर में मुंह में किरकिरापन जैसा अहसास होता है। यह निश्चित रूप से सुंदर है। वेन मार्शल ग्लास जेम फ्लिंट कॉर्न उगाते हैं। वह महान पॉपिंग के लिए चयन करता है। ग्लास जेम ने मेरी स्थानीय पॉपकॉर्न किस्म में आनुवंशिकी का योगदान दिया। इसकी फोटो वायरल होने से पहले मैं इसे बढ़ा रहा था।

अनाज मक्का

अनाज मकई मुझे प्रसन्न करता है। यह।सबसे आनुवंशिक रूप से विविध मकई है जिसे मैं उगाता हूंयह बदलती परिस्थितियों के लिए जल्दी से ढल जाता है। यह फेनोटाइप द्वारा चयन किए बिना कई प्रकार के मकई को एक आबादी में जोड़ता है। चकमक पत्थर, सेंधा, पॉप, मीठा और आटा सहअस्तित्व।

अनाज मकई पकाने के लिए बहुत अच्छा है। मेरी मुर्गियां इसे साबुत अनाज के रूप में खाना पसंद करती हैं। मैं इसे होमिनी के रूप में उपयोग करता हूं।

1960 के दशक में कारगिल के साथ संयंत्र प्रजनकों ने उत्तरी अमेरिका के लंबे दिनों में बढ़ने के लिए दक्षिण अमेरिकी विरासत मकई दौड़ को अनुकूलित किया। बीज दशकों तक फ्रीजर में पड़ा रहा। जोशुआ गोचेनौर ने पांच जातियों से बीज प्राप्त किया और मेरे साथ साझा किया।

मैंने पांच किस्मों को एक साथ पार करके एक संकर झुंड बनाया। मैंने ईगल मीट्स कोंडोर को शामिल किया, जो डेव क्रिस्टेंसन द्वारा बनाया गया एक उत्तर / दक्षिण संकर है। अगले साल, मैंने उन्हें उत्तरी अमेरिका से विरासत किस्मों के एक संकर झुंड में पार कर लिया, जिसे एंड्रयू बार्नी ने एक साथ रखा था। दक्षिण अमेरिकी मकई को चकमक पत्थर, आटा और दांत कहा जाता है। फेनोटाइप उत्तरी अमेरिकी कॉर्न्स में समान नाम से बुलाए जाने वाले फेनोटाइप से थोड़ा अलग हैं। परिणामी संकर झुंड अत्यधिक विविध है।

यह मकई, मैं हार्मनी कहता हूं, क्योंकि यह मकई के विभिन्न प्रवासी को एक ही प्रजनन आबादी में जोड़ता है। इस जनसंख्या में से मैंने इस अध्याय में वर्णित अन्य किस्मों का चयन किया है।

हार्मनी के वंशजों में एक अप्रत्याशित विशेषता उभरी। वे एक ऐसे खेत में उगाए गए थे जहां अक्सर झालरें और रैकून रहते थे, जो मकई पर बहुत अधिक भोजन करते हैं। वे योग्यतम चयन से बचे रहे। हर साल, मक्का मजबूत होता गया और जानवरों ने कम लिया। इन दिनों, शिकार न्यूनतम है।

उच्च कैरोटीन चकमक मक्का

कैटेटो, सामान्य से दस गुना अधिक बीटा–कैरोटीन व्यक्त करता है। मुझे अपने खाने में कैरोटीन का स्वाद बहुत पसंद है। यह मुझे लुभाता है।

मैंने हार्मनी ग्रेन कॉर्न में से एक उच्च कैरोटीन फ्लिंट कॉर्न चुना। स्वाद और दृश्य अपील के कारण रसोइये उच्च कैरोटीन विशेषता को पसंद करते हैं। एक गहरा नारंगी कॉर्नब्रेड बहुत अच्छा लगता है!

नियमित मक्का (हल्का पीला) बनाम। उच्च कैरोटीन (गहरा नारंगी)

जब मुर्गियों को उच्च कैरोटीन मकई खिलाया जाता है, तो कैरोटीन उनके अंडों में केंद्रित हो जाते हैं। योलक्स सुपर रंगीन और सुपर स्वादिष्ट हो जाते हैं! कैरोटीन वसा में जमा हो जाते हैं। उच्च कैरोटीन चिकन वसा अद्भुत स्वाद लेता है, और सूप में अद्भुत लगता है।

फ्लिंट कॉर्न्स कीड़े, या बड़े जानवरों द्वारा शिकार के लिए सबसे अधिक प्रतिरोधी हैं। कठोर गुठली जो इसे रसोई में उपयोग करने के लिए और अधिक चुनौतीपूर्ण बनाती है, शिकारियों के लिए इसे कम वांछनीय बनाती है।

उच्च कैरोटीन स्वीट कॉर्न

। ने एस्ट्रोनॉमी डोमिन को हाई कैरोटीन फ्लिंट कॉर्न से पार किया। मीठा गुण पुनरावर्ती है, जिसका अर्थ है कि यह पहली पीढ़ी में दिखाई नहीं देता है। संतान अपने माता-पिता और दादा-दादी से मिलती-जुलती है, और कभी-कभी एक विशेषता एक पीढ़ी को छोड़ देती है।

मीठी गुठली दूसरी पीढ़ी में दिखाई दी। वे लगभग गुठली के थे। हाई स्कूल जीव विज्ञान कक्षाओं में पढ़ाए जाने वाले आनुवंशिकी का वर्णन करने के लिए अनुपात मूलरूप है। स्थानीय किस्मों के साथ काम करने वाले प्लांट ब्रीडर के रूप में यह विचार अक्सर मेरे लिए उपयोगी नहीं होता है। आम तौर पर फसलों के परागण में इतने जीन शामिल होते हैं कि गणित बहुत जटिल हो जाता है। इस स्वीट कॉर्न के मामले में स्वीट कॉर्न और ग्रेन कॉर्न में केवल एक जीन अंतर होता है।

मैंने स्वीट कॉर्न और उच्च कैरोटीन विशेषता के लिए चुना। मैंने अन्य सभी रंगों के खिलाफ चयन किया। मैंने हाथ की कैंची से कोब के सिरे को काटकर उसमें से बीज बचाने से पहले हर सिल को चखा। मैंने किसी भी चीज़ को खींचा जो बहुत रेशेदार थी, या उसमें शानदारता की कमी थी।

हर साल, मैं केवल उन बीजों को बचाता हूं जिनका स्वाद अद्भुत होता है। एक छोटे पैमाने के उत्पादक के रूप में, मैं हर पौधे, हर पीढ़ी में स्वाद ले सकता हूं।

रेडियन स्वीट कॉर्न

हार्मनी ग्रेन कॉर्न में स्वीट कॉर्न जेनेटिक्स की थोड़ी मात्रा होती है। मैंने कोब से झुर्रीदार गुठली का चयन किया, और उन्हें अलग-थलग कर दिया।

मैदा पर झुर्रीदार मीठी गुठली

हार्मनी स्कंक्स, रैकून, तीतर और टर्की के प्रतिरोधी बनने के बाद एंडियन स्वीट का चयन किया गया था। इसलिए, पौधे विशाल और मजबूत हैं। डंठल डंठल पर ऊंचे होते हैं।

स्वाद मेरा पसंदीदा नहीं है। कोई भी मकई जो क्रिटर प्रतिरोधी है और मेज पर आ जाती है, उसका स्वागत किया जाता है। अब जबकि मीठा गुण स्थिर है, मैं स्वाद के लिए चयन करने पर ध्यान केंद्रित कर सकता हूं।

मीठा गुण आवर्ती है। इसका मतलब है कि इसे अन्य जीनों द्वारा छिपाया जा सकता है। एक बार पुनरावर्ती गुण चुन लेने के बाद, यह स्थिर रहता है। मीठी गुठली केवल इसलिए दिखाई देती है क्योंकि माता और पिता दोनों ने मिठास के लिए एक-एक जीन का योगदान दिया।

आटा मकई

आटा मकई खाद्य सुरक्षा के लिए उगाने के लिए मकई होने की प्रतिष्ठा रखता है। मेरा आटा मकई हार्मनी अनाज मकई के भविष्यवाणी-प्रतिरोधी तनाव से चुना गया था। मैं नरम गुठली के लिए, और फ्लिंटी प्रकारों के खिलाफ चयन करता हूं।

स्थानीय रसोइये मैदा के साथ खाना बनाना पसंद करते हैं। वे ब्रेड, टॉर्टिला, पॉसोल, होमिनी, चिकोस, मश और पार्च्ड कॉर्न बनाते हैं।

मैदा मकई के दाने नरम होते हैं, और आटे में पीसने में आसान होते हैं। आटा बारीक और हल्का होता है।

निक्सटामलाइज़ेशन के बाद मैदा मकई कोमल हो जाता है।

चूने के साथ पके मकई के आटे से बने टॉर्टिला या इमली स्वादिष्ट होते हैं! चूने के साथ पके हुए मकई का स्वाद उन सूक्ष्म गैर–वर्णनात्मक स्वादों में से एक है, जिसके लिए मेरा शरीर फील–गुड–रसायन छोड़ता है। आम तौर पर मकई के चिप्स और टोरिल्ला में बेचा जाने वाला गैर–निक्सटामलाइज्ड मकई मुझे भयानक लगता है।

Nixtamalization मकई को आधार के साथ पका रहा है। मैं अचार के चूने का उपयोग करना पसंद करता हूं। परंपरागत रूप से, लकड़ी की राख का उपयोग किया जाता था। बेस में पकाने से गिरी की त्वचा घुल जाती है या ढीली हो जाती है। मैं एक कोलंडर का उपयोग करके अवशेषों को धोता हूं। बहुत सारी रेसिपी हैं। ऐसा लगता है कि हर किसी का अपना सर्वोत्तम अभ्यास होता है। मैं एक गैलन मकई में लगभग दो बड़े चम्मच अचार के चूने का उपयोग करता हूं। पानी से ढक दें, और तब तक उबालें जब तक कि त्वचा ढीली न हो जाए। मकई की किस्म और आधार के प्रकार के आधार पर इसमें 20 से 60 मिनट लग सकते हैं। कुछ व्यंजनों में खाना पकाने से पहले या बाद में इसे रात भर भीगने के लिए कहा जाता है। मैं यह नहीं बता सकता कि इससे कोई फर्क पड़ता है।

मुझे निक्सटामलाइज्ड कॉर्न का स्वाद इतना पसंद है कि मैं टॉर्टिला या कॉर्न चिप्स तब तक नहीं खरीदूंगा जब तक कि "चूने" को एक घटक के रूप में सूचीबद्ध नहीं किया जाता है।

मुझे मकई को निक्सटामलाइज करना पसंद है, और फिर इसे निर्जलित करना। इसके बाद पीसकर मासा हरिना बना लें। बेस के साथ पकाने से प्रोटीन एक ऐसे रूप में परिवर्तित हो जाता है जो आटा बनाने के लिए उपयुक्त होता है। सादा पिसा हुआ मकई केवल एक ग्लॉपी पेस्ट बनाता है।

मोल्ड विषाक्त पदार्थों को कम करने और नियासिन उपलब्ध कराने के लिए निक्सटामलाइज़ेशन महत्वपूर्ण है, जो पोषक तत्वों की कमी से होने वाली बीमारी पेलाग्रा से बचाता है।

हवा में जड़े मकई

कुछ साल पहले, वैज्ञानिकों ने मकई की वायु-जड़ों पर रहने वाले नाइट्रोजन-फिक्सिंग रोगाणुओं को देखाजड़ें एक जेल का निर्माण करती हैं जिसमें रोगाणुओं के लिए भोजन होता है। रोगाणु मकई के लिए नाइट्रोजन का उत्पादन करते हैं। यह एक क्लासिक सहजीवी संबंध है।

हवा में जड़े मकई

जड़ें दशकों पहले पक्ष से बाहर हो गईं, क्योंकि वे एक ऐसी गाँठ बनाती हैं जो आसानी से नहीं टूटती। यह अगले सीजन में जुताई और रोपण को कठिन बना देता है। आधुनिक औद्योगीकृत कृषि को एयर-रूट विशेषता के विरुद्ध चुना गया।

नम मौसम के दौरान, हवा की जड़ें एक जेल का उत्पादन करती हैं। इसका स्वाद थोड़ा मीठा होता है। मैं रोगाणुओं को नहीं देख सकता। मुझे लगता है कि वे जेल में रह रहे हैं. हवा में जड़े डंठल मेरे खेतों में सबसे ऊंचे हैं - जैसे उन्हें नाइट्रोजन की एक अतिरिक्त खुराक मिल रही हो। मैं अपने खेतों में खाद या खाद नहीं डालता। इस साल के फसल अवशेष और खरपतवार अगले साल की मिट्टी की उर्वरता हैं। एक मकई जो अपने स्वयं के नाइट्रोजन का उत्पादन करती है, उसका प्रतिस्पर्धात्मक लाभ होता है।

14 फलियां

फलियां संयंत्र आधारित प्रोटीन का एक बड़ा स्रोत हैं। सूखी फलियाँ के रूप में, उत्पादकता कम और श्रम है उच्च अन्य फसलों की तुलना में, लेकिन वे प्रोटीन है कि के रूप में आसानी अन्य सब्जियों से उपलब्ध न हो प्रदान करते हैं। फलियां भी सब्जी या साग के रूप में खाया जा सकता है।

फलियां पारिस्थितिक तंत्र की एक विस्तृत श्रृंखला पर कब्जा। जोखिम को कम रखने के लिए, मुझे के रूप में मैं कर सकते हैं कई प्रजातियों के रूप में विकसित। एक विशेष रूप से कीट, रोग, या मौसम पैटर्न ही बढ़ रही है मौसम में उन सब को बाहर निकालने के लिए की संभावना नहीं है। कई प्रजातियों के बढ़ते खाद्य सुरक्षा को बढ़ाता है।

आम बीन के साथ रनर बीन हाइब्रिड

स्कार्लेट रनर बीन

मटर, मसूर, फवा बीन, ल्यूपिन बीन, और सबसे अच्छा शांत मौसम में बड़े होते हैं, और ठंढ प्रतिरोधी, शायद यह भी सर्दियों हार्डी हैं चने के बीज। आम सेम, टेपरी बीन, लोबिया, लीमा, और सोयाबीन गर्म मौसम में सबसे अच्छा हो जाना। आम सेम और टेपरी बीन की कुछ किस्में ठंढ सहिष्णु हैं। धावक सेम एक समुद्री पारिस्थितिकी तंत्र के साथ तटीय क्षेत्रों में सबसे अच्छा विकास होता है। वे कुछ क्षेत्रों में बारहमासी हैं।

मैं केवल वही लिख सकता हूं जो मैं व्यक्तिगत रूप से जानता हूं। आपके जलवायु में अन्य पसंदीदा फलियां हो सकती हैं।

क्रॉसिंग की संभावना

फलियां आम तौर पर आत्म सेचन 1% से 30% तक दरों outcrossing, प्रजातियों और पारिस्थितिकी तंत्र पर निर्भर करता है के साथ। स्वस्थ पारिस्थितिक तंत्र, पौधों और कीड़ों की अधिक विविधता के साथ साथ गार्डन, उच्च परागण दरों पक्ष में हैं। फलियां उच्च दरों पर पार जब बारीकी से अंतर–लगाए।

नोटिस स्वाभाविक रूप से, आम सेम में संकर होने वाली एक आसान तरीका संयंत्र झाड़ी सेम ध्रुव सेम के बगल में है। बाद के वर्षों में, अगर झाड़ी सेम संतान उत्पन्न लताओं, तो वे ध्रुव सेम के साथ संकर हैं। एक–चौथाई दूसरी पीढ़ी की झाड़ी सेम किया जा रहा है पर लौट जाएगा।

सफेद फूल के साथ एक सेम रंगीन फूलों के साथ एक सेम के बगल में लगाया जा सकता है। अगली पीढ़ी, रंग का फूल सफेद फूलों के पैच में दिखाई देंगे, अगर है, तो वे प्राकृतिक रूप से पाए जाते हैं संकर। वाशिंगटन में एंडी ब्रूनिंगर मुझे एक अंतःप्रजाति संकर है कि वह मैन्युअल आम सेम को पार (माँ के रूप में) द्वारा किए गए और पराग दाता के रूप में लाल रंग धावक सेम दे दी है। वंश लाल रंग के फूल था। रंग शुद्ध लाल धावक सेम की तुलना में फीका किया गया था।

जब अंकुरण, आम सेम हवा में उच्च उनके बीजपत्र भेजें। धावक सेम उनके बीजपत्र भूमिगत रहते हैं। के संकर प्रजाति के बीजपत्र ज़मीनी स्तर पर या नीचे रही। यही कारण है कि विशेषता संकर के लिए स्क्रीन के लिए इस्तेमाल किया जा सकता है।

जब आम सेम की एक पंक्ति धावक सेम का एक पंक्ति के आगे बढ़ता है, कभी–कभी परागण होता है। चौकस माली प्राकृतिक रूप से उत्पन्न संकर नोटिस, और उन्हें अधिक संख्या में पौधे सकते हैं।

मैं स्वाभाविक रूप से मित्रों और सहयोगियों के एक नंबर से पार परागण सेम प्राप्त करते हैं। ओरेगन में डेव अलग शुद्ध किस्मों के रूप में सेम बढ़ता है। वे कुछ फीट के द्वारा अलग बेड में हो जाना। शायद बीज के 100 में से 1 है कि वह फसल की उम्मीद की तुलना में एक अलग रंग हैं। उन प्राकृतिक संकर है। उनकी पत्नी केवल शुद्ध किस्मों खाना बनाना पसंद करता है। वह उन्हें क्रमबद्ध करता, खाना पकाने से पहले पार सेम

को दूर। उसने मुझे पार सेम का एक पिंट जार दे दी है। मैं उन्हें बढ़ते प्यार करता था। वंश विविधता के बीच बहुत सारे।

न्यूयॉर्क में टिम स्प्रिंगस्टोन उसकी मकई का खेत सेम में प्राकृतिक रूप से पाए पार देखा। उन्होंने कहा कि मेरे साथ बीज की साझेदारी की। एक–चौथाई वंश की झाड़ी सेम थे। मैं झाड़ी सेम उन्हें फिर से रोपित करें। मैं ध्रुव सेम खा लिया। मैं एक delightfully रंग की फलियों में पाया गया कि मैं अलग रखा है। क्योंकि आम सेम अत्यधिक अंतःप्रजनन रहे हैं, यह स्थानीय किस्म से अलग और एक शुद्ध फसल के रूप में यह बनाए रखने के लिए आसान था।

मेरे गांव से टिम मॉरिसन मेरे लिए उसके प्राकृतिक रूप से उत्पन्न संकर बचाता है। मैं उन संयंत्र और प्रकार है जो मुझे पसंद के लिए चयन करें। मैं वास्तव में लगातार आनुवंशिक लॉटरी के मंथन की तरह। अधिक बार मैं संयंत्र मिश्रित–अप बीज, अधिक संभावना है कि मैं'हैमिलेगा। कि वास्तव में यहाँ पनपती कुछ

फभा सेम

फभा सेम

फवा बीन्स के साथ काम करना एक खुशी है। उनकी पार–परागण दर लगभग 30% है। भौंरा फवा बीन्स के साथ बहुत समय बिताते हैं। प्राकृतिक आउटक्रॉसिंग विविधता बनाए रखता है।

पहली बार मैं Fava सेम लगाए, मैं उन्हें बारे में कुछ नहीं जानता था। जब से वे कर रहे हैं "सेम," मैं उन्हें सेम के बाकी के साथ साल का सबसे गर्म समय में लगाया। वे पागल की तरह फूलों के। चींटियों अपने पत्ते पर

aphid खेती हाथ में लिया। वे बीज नहीं की। मैं उनके बारे में पढ़ा है। फूल बांझ हैं, जब तापमान अधिक हैं।

इन दिनों, जल्दी वसंत ऋतु में मैं संयंत्र favas। मैं सीधा बीज के दिन जमीन thaws पसंद है। यही कारण है कि मार्च के तीसरे हफ्ते के बारे में है। जल्दी ही वे जल्दी वसंत ऋतु में जा रहा हो, उतना ही वे शांत मौसम में फूल, और अधिक बीज वे कर सकते हैं। मैं अक्सर, रात भर उन्हें सोख, जल्दी अंकुरण के लिए रोपण से पहले।

Fava पौधों सर्दियों हैं हार्डी क्षेत्र 8. करने के लिए मुझे लगता है कि लोगों को गर्म क्षेत्रों संयंत्र में गिरावट में सलाह देते हैं उन्हें। वे के बारे में 10 ° एफ के लिए हार्डी नीचे हैं (–12 डिग्री सेल्सियस)।

मैं बढ़ रही favas साथ हर साल प्रयोग के रूप में एक गिरावट फसल लगाए। समय मायने रखता है। मैं बीज कि सर्दियों बर्फ से कवर आता है (नवंबर जल्दी) से पहले एक या दो दिन जमीन में जाने के साथ सबसे अच्छा परिणाम है। युवा पौधों सर्दियों मार। बीज भूमिगत जीवित रहते हैं और वसंत–बीज की तुलना में कुछ हफ्ते पहले आरंभ।

प्रत्येक गिरावट, मेरे बगीचे स्वयंसेवक Fava पौधों सर्दियों में जाने की एक बड़ी आबादी है। उनमें से कई गिरावट में मर जाते हैं। कुछ वसंत तक जीवित है, और फिर शिकार। मैं उन्हें देखकर रखने के लिए। आखिरकार उनमें से एक एक सर्दियों वह यह है कि तीन क्षेत्रों उनके पसंदीदा पारिस्थितिकी तंत्र से अधिक ठंडा बच सकते हैं।

सीमाधकेलहै:यह स्थानीय किस्मों के साथ प्रजनन संयंत्र का साररों, तो दिलचस्प बातें है कि जीवित और पलते के लिए देख रहा है।

आम बीन्स

आम सेम 0.5 5 के बारे में करने के लिए% की दर से पार करते हैं। मैं बारीकी से अंतर–रोपण किस्मों से पार करने के लिए प्रोत्साहित करते हैं। मैं प्राकृतिक रूप से पाए संकर के लिए घड़ी, और उन्हें प्राथमिकता संयंत्र अंतःप्रजनन से अधिक किस्मों।

प्रत्येक गिरावट, मैं आम फलियों को छाँटता हूँ। मैं अगले सीजन में रोपण के लिए प्रत्येक प्रकार की लगभग समान संख्या चुनता हूं। यदि मैंने

समान संख्या में पौधे नहीं लगाए, तो छोटी गुलाबी फलियाँ और पिंटो फलियाँ आबादी में प्रबल हो जाएँगी। वे यहाँ फलते–फूलते हैं।

मैं केवल बीजों के लक्षण प्रारूप के आधार पर चयन करें। अगर मैं महान सफेद सेम के ढेर करते हैं, वे बड़े सफेद बीज के लिए जीन को साझा करें। अन्य लक्षण के लिए अपने आनुवंशिकी चर रहे हैं।

मैं मुख्य रूप से साझा करने और पादप प्रजनन के लिए सेम के बीज होते हैं। इसलिए मैं संभव के रूप में ज्यादा विविधता के रूप में चाहते हैं। यदि मैं भोजन के लिए बढ़ रहे थे, मैं मुख्य रूप से थोक बीज बोने होगा। सबसे अधिक उत्पादक किस्मों पर हावी होगा।

टेपरी बीन्स

लोग मुझसे ऐसे बात करते हैं जैसे मैं टपरी बीन्स लगाने के लिए शरारती हूं। माना जाता है कि वे एक वायरस की मेजबानी करते हैं जो आम सेम को नुकसान पहुंचाता है। मुझे नहीं पता होगा। यदि बीन का पौधा वायरस के लिए अतिसंवेदनशील होता है, तो वह मर जाता है। कई अन्य परिवार हैं जो अतिसंवेदनशील नहीं हैं।

मैंने एक दशक से टेपरी बीन्स और आम बीन्स को एक साथ उगाया है। यदि कोई वायरस समस्या है, तो उन्होंने इसे बहुत पहले ही सुलझा लिया था।

खाना पकाने की फलियाँ

सामान्य रूप मेंबीज, और विशेष रूप से सेम विरोधी पोषक तत्वों होते हैं। परंपरागत खाना पकाने के तरीकों फली के बीज, उच्च तापमान पर खाना पकाने के बाद के लंबे समय तक भिगोने के लिए कहते हैं। , भिगोने धोने, खाना पकाने और उच्च गर्मी के साथ विरोधी पोषक तत्वों को कम।

मैं सेम के बीज में जहर स्वाद कर सकते हैं। वे मेरे लिए औषधीय स्वाद। कुछ है कि मैं निश्चित रूप से नहीं चाहिए खा जाना है। मैं हरी सेम फली में जहर का स्वाद ले सकते। राशि बहुत कम है। फिर भी, हरी बीन्स एक भोजन है कि जब तक अच्छी तरह से किया पकाने मैं कर रहे हैं। मैं दबाव खाना पकाने, या गर्म तेल के बजाय उबलते में तलने पसंद

करते हैं। मुझे आश्चर्य है अगर पेट खराबी कि सेम खाने के बाद तो आम बात है जहर को निष्क्रिय नहीं की वजह से कर रहे हैं?

टेपरी बीन्स और लीमा बीन्स की फली का स्वाद विशेष रूप से खराब होता है। मैं खाद्य स्रोत के रूप में उनसे दूर रहता हूं। जब कोई पौधा भोजन के लिए अनुपयुक्त होता है, तो यह जानने के लिए हमारे प्राइमेट शरीर बहुत अच्छे होते हैं।

क्योंकि परंपरागत खाना पकाने के तरीकों जहर को कम करने, मैं जहरीला सेम के खिलाफ नहीं का चयन किया गया है। मैं बीज पूर्व सोख सकता है, रोपण से पहले उन्हें स्वाद के लिए। जिज्ञासा से बाहर, मैं कच्चे सेम के बीज का स्वाद लें। वहाँ कैसे जहरीला वे स्वाद में विविधता का एक बहुत है।

कभी–कभी, लोग मुझे "गारबानो बीन के आटे" से बने पेनकेक्स खिलाते हैं। आटा कच्चे गारबानो बीन्स को मिलाकर बनाया जाता है। जहर का स्वाद लाजवाब होता है। पारंपरिक खाना पकाने की विधि सेम को भिगोना है। उन्हें प्रेशर कुक करें। उन्हें मैश करें। फिर फलाफेल बनाने के लिए डीप फ्राई करें। कच्ची फलियों को पीसना, और उन्हें पैनकेक में बमुश्किल गर्म करना जहर को निष्क्रिय नहीं करता है।

खाना पकाने सेम के बीज मैं दबाव की तरह। तापमान जल्दी से गर्म पर्याप्त हो और पूरी तरह से विष को निष्क्रिय करें। प्रेशर कुकर मेरी अधिक ऊंचाई रसोई घर में बहुत जल्दी उन्हें नरम।

लुपिनी बीन्स सबसे जहरीली हैं जिन्हें मैंने चखा है। उन्हें तैयार करने की विधि में दो सप्ताह तक भिगोना शामिल है। दिन में तीन बार पानी बदलना। एक वैकल्पिक तरीका यह है कि उन्हें एक सप्ताह के लिए बहते पानी में रखा जाए।

बीन जहर को निष्क्रिय करने के लिए धीमी कुकर पर्याप्त गर्म नहीं हो सकता है। मेरा सुझाव है कि उनका उपयोग बीन्स पकाने के लिए नहीं किया जाना चाहिए। वे अन्य तरीकों से अच्छी तरह से पके हुए बीन्स को गर्म करने के लिए बहुत अच्छा काम करते हैं।

यहाँ वह नुस्खा है जिसे मैं मटर और बीन्स पकाने के लिए लागू करता हूँ।

- कुल्ला और क्रमबद्ध करें। (मुझे कंकड़ खाना पसंद नहीं है।)
- कंकड़।), 8 से 36 घंटे के लिए ठंडे पानी में भिगोएँ पानी बदल सकते हैं और हर 4 से 8 घंटे कुल्ला। मैं आम तौर पर सुबह में भिगोने, है कि मैं अगले दिन खाना बनाना होगा सेम शुरू करते हैं।
- 10 मिनट के लिए एक कठिन फोड़ा करने के लिए ले आओ। आँच बंद कर दें। एक घंटे के लिए भिगो दें। कुल्ला।
- अन्य सामग्रियों से गठबंधन और नरम जब तक पकाना।

15 स्क्वैश फैमिली

स्क्वैश, खरबूजे, खीरा, और लौकी स्वाभाविक रूप से फैले हुए हैं। उनके एक ही पौधे पर नर फूल और मादा फूल होते हैं। मधुमक्खियां पराग को फूलों के बीच ले जाती हैं। उनकी संलिप्तता की उच्च दर के कारण, स्क्वैश परिवार की प्रजातियां स्थानीय बागवानी और बीज की बचत का पता लगाने के लिए एक उत्कृष्ट विकल्प हैं।

तरबूज

मैं पीले–मांस वाले तरबूज के लिए चुनता हूं, क्योंकि खरबूजे (और टमाटर) में लाल रंग का कारण बनने वाला रसायन कड़वा होता है। मैं कम चीनी सामग्री वाले खरबूजे उगा सकता हूं, जिसका स्वाद मीठा होता है, क्योंकि कड़वाहट को दूर करने के लिए उन्हें अतिरिक्त मिठास की आवश्यकता नहीं होती है।

पीला तरबूज

पेपो

पेपो स्क्वैश में क्रुकनेक, तोरी, बलूत का फल, डेलिकटा, जैक–ओ–लालटेन और सजावटी लौकी शामिल हैं। वे सबसे तेजी से परिपक्व होने वाले शीतकालीन स्क्वैश हैं। इन्हें अक्सर समर स्क्वैश के रूप में खाया जाता है।

सजावटी लौकी एक जंगली पूर्वज से निकटता से संबंधित हैं, और इसमें खराब स्वाद वाले जहर हो सकते हैं। मैं पौधों के

एकोर्न नाजुक झुंड

प्रजनन में सजावटी लौकी के उपयोग को हतोत्साहित करता हूं, जब तक कि आप जहर को खत्म करने के लिए चखने के प्रयास में नहीं लगाना चाहते।

कई सालों तक, मैंने पेपो विंटर स्क्वैश उगाने से परहेज किया। मुझे लगा कि वे गदगद हैं। कई पेपो स्क्वैश में हल्का सफेद मांस होता है। मुझे अपने खाने में कैरोटीन पसंद है। पेपो स्क्वैश में कैरोटीन की मात्रा कम होती है।

ग्राहकों के अनुरोध के कारण, मैंने पेपो विंटर स्क्वैश उगाना शुरू कर दिया। मैंने बीज बचाने से पहले हर पीढ़ी में हर स्क्वैश को चखने के अपने सामान्य प्रोटोकॉल का पालन किया। इन दिनों, मैं पेपो विंटर स्क्वैश चखने के बारे में नहीं सोचता। आप जो चुनते हैं वह आपको मिलता है। मैं स्वाद और अधिक रंगीन मांस के लिए चयन करता हूं।

मैं डेलिकटा और एकोर्न स्क्वैश का एक संकर झुंड उगाता हूं। अगर मैं आकृतियों को संरक्षित करने की परवाह करता, तो मैं उन्हें बहन की पंक्तियों के रूप में लगा सकता था, पंक्ति के एक छोर पर डेलिकटा और दूसरे पर बलूत का फल। मेरा प्राथमिक चयन मानदंड स्वाद और रंगीन मांस के लिए है। मुझे त्वचा के आकार या रंग की परवाह नहीं है।

मैं पीला बदमाश बढ़ता हूं। मैं इसे टेढ़ी गर्दन और पीली त्वचा के लिए स्थिर रखता हूं। अन्य लक्षण भिन्न होते हैं।

लैंड्रेस मैरो स्क्वैश

मैं तोरी उगाता हूँ। मैं उन्हें लंबे, पतले फलों के लिए स्थिर रखता हूं। त्वचा का रंग गहरा हरा, हल्का हरा, पीला, बेज, सफेद या धारीदार हो सकता है। मैं झाड़ीदार पौधों के लिए चयन करता हूं। परिपक्व तोरी जो बीज के लिए उगाई जा रही हैं, अच्छे शीतकालीन स्क्वैश बनाती हैं, जिन्हें मैरो कहा जाता है। मैं स्वाद और आसान काटने के लिए मज्जा का चयन करता हूं।

मोस्काटा

स्क्वैश के बटरनट परिवार को कीटों और रोगों के लिए सबसे अधिक प्रतिरोधी होने की प्रतिष्ठा है। बेल और पेडुनकल सख्त होते हैं, जिससे वे बेल बोरर्स के लिए प्रतिरोधी बन जाते हैं। स्वाद पेपो से बेहतर है, लेकिन मैक्सिमा जितना अच्छा नहीं है। वे लंबे भंडारण के दौरान उच्च गुणवत्ता बनाए रखते हैं।

लॉफ्ट–हाउस लैंड्रेस मोस्काटा स्क्वैश

जिस साल मैंने मोस्कटा स्थानीय किस्म की शुरुआत की थी, उस साल बढ़ने का मौसम 88 दिनों का था, और 75% किस्में फल बनाने में विफल रहीं। मैंने अपरिपक्व फलों की कटाई की, जो बीजों की कटाई से पहले कुछ महीनों के लिए घर के अंदर पक गए। तीसरे वर्ष में, उन्होंने 84 दिनों के बढ़ते मौसम में प्रचुर मात्रा में परिपक्व फल का उत्पादन किया।

मैंने बटरनट के आकार का स्क्वैश, लंबी गर्दन वाले स्क्वैश और गोल कद्दू लगाए। उन्होंने क्रॉस–परागण किया। संतान कई आकार और आकार के थे। किसान बाजार में ग्राहकों में हड़कंप मच गया। कई लोगों ने पहले कभी गोल बटरनट नहीं देखा था।

मैंने उल्लेख किया है कि स्थानीय किस्में एक समुदाय से संबंधित हैं। उस विचार से यह मेरा पहला परिचय था। मेरे ग्राहकों ने सीखा कि मैं जो कुछ भी बाजार में ले जाता हूं उसका स्वाद शानदार होता है। कोई फर्क नहीं पड़ता कि फल का आकार, रंग या आकार क्या है। मेरे ग्राहकों ने लंबी गर्दन वाली आकृति को बहुत पसंद किया। इसलिए, मैं अधिमानतः लंबी गर्दन वाले फेनोटाइप के लिए बीज लगाता हूं। मैं लगभग 90% लंबी गर्दन वाले, और 10% कद्दू उगाता हूं। यह आनुवंशिक विविधता को बनाए रखते हुए लंबी गर्दन वाले फेनोटाइप को प्रभावी रखता है।

जो लोग मुझसे बीज खरीदते हैं वे छोटे फल मांगते हैं। मैंने हर साल छोटे से छोटे फलों से बीज बचाना शुरू किया। मैंने उन्हें एक अलग खेत में उगाया। आखिरकार, फल आधा पाउंड से बहुत छोटे थे। मैं उन्हें पसंद नहीं करता था। उन्होंने अच्छी तरह से स्टोर नहीं किया। बीज छोटे थे, उनमें तेजी से बढ़ने के लिए ऊर्जा की कमी थी। छोटे पौधों में शक्ति की कमी थी। मैंने उनसे बीज साझा नहीं किया। एक समुदाय द्वारा प्रिय बनने से पहले एक किस्म को किसान को खुश करना पड़ता है। एक निर्वाह किसान के रूप में, बड़े फल समान श्रम और स्थान के लिए अधिक भोजन प्रदान करते हैं। मेरा लक्ष्य 5 से 15 पाउंड वजन के फलों वाली किस्मों का उत्पादन करना है।

मैक्सिमा

मुझे मैक्सिमा स्क्वैश बहुत पसंद है। वे जोर से बढ़ते हैं। इनका स्वाद चटपटा और मीठा होता है। वे जल्दी परिपक्व हो जाते हैं। उत्पादकता अद्भुत है। वे प्रचुर मात्रा में कैरोटीन का उत्पादन करते हैं। भंडारण जीवनकाल औसत तीन से पांच महीने।

मैक्सिमा स्क्वैश मोटे रसीले तनों और कॉर्क पेडन्यूल्स का उत्पादन करता है। कई जगह बेल बेधक उन्हें उजाड़ देते हैं। लोग इन्हें उगाने की कोशिश भी नहीं करते। उन्हें बेल बोरर्स से लड़ना पसंद नहीं है।

क्या होगा अगर हम मैक्सिमा के अद्भुत स्वाद को मोस्काटा के बेल–बोरर प्रतिरोध के साथ जोड़ सकें?

आम स्क्वैश प्रजातियां आम तौर पर एक दूसरे के साथ पार नहीं होती हैं। मुझे 12 वर्षों में प्राकृतिक रूप से पाया जाने वाला एक संकर मिला। मैं प्रति वर्ष हजारों स्क्वैश उगाता हूं।

एक अंतर–प्रजाति संकर, जिसका नाम टेत्सुकाबुतो है, मौजूद है। यह मैक्सिमा और मोस्काटा के बीच एक क्रॉस है। जापान में सूक्ष्म पौधों के प्रजनकों ने इसे बनाया। पिनेट्री गार्डन सीड्स बीज बेचता है। नर फूल पराग पैदा करने से पहले मुरझा जाते हैं। मैंने अपने स्क्वैश पैच में टेटसुकाबुटो को उगाया। दूसरे स्क्वैश ने पराग प्रदान किया। मधुमक्खियों ने पराग वितरित किया।

मैंने बीज फिर से लगाए। पहले वर्ष, मैंने बहाल प्रजनन क्षमता के लिए चुना। बाद के वर्षों में, मैंने दिलकश मैक्सिमा स्वाद, और पतली, कठोर लताओं के लिए चयन किया। ग्रसित क्षेत्रों की ग्रो रिपोर्ट कहती है कि स्क्वैश बेल बेधक के लिए प्रतिरोधी है। मैं इस आबादी को मैक्सिमोस कह रहा हूं। मैं चाहूंगा कि अन्य लोग इस प्रक्रिया को दोहराएं।

मैंने दूसरी दिशा में भी बटरनट के आकार वाले फलों का चयन किया। मैं इस आबादी को मोस्कमैक्स कहता हूं। कुछ संतानों ने मैक्सिमा बटरकप की नारंगी त्वचा को उठाया। मुझे अभी तक ऐसा संस्करण नहीं मिला है जिसमें दिलकश मैक्सिमा स्वाद और बटरनट आकार शामिल हो। यदि मैं चयनित माता-पिता के बीच मैन्युअल परागण करने के लिए तैयार होता तो चयन प्रक्रिया आसान हो जाती।

स्वाद

इससे पहले कि मैं किसी भी स्क्वैश फल से बीज बचाऊं, मैं उसका स्वाद लेता हूं। मैं एक बार में लगभग 16 फलों का स्वाद लेता हूं। मैं उन्हें कच्चा चखता हूं, और पकाता हूं।

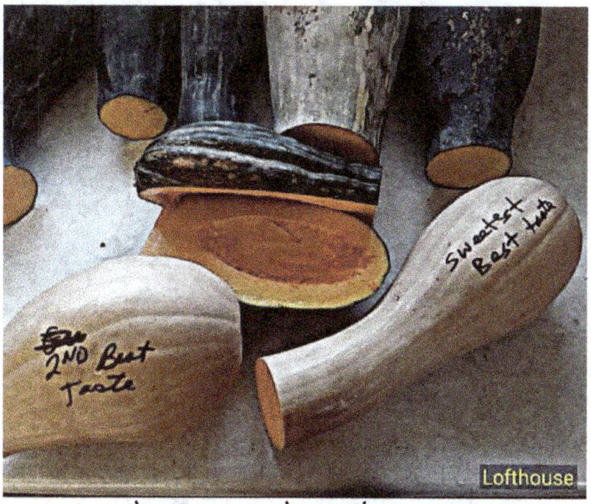

अच्छे स्वाद वाले स्क्वैश का चयन

स्वाद परीक्षण के दौरान, मैं इस बात पर ध्यान देता हूं कि फल कितनी अच्छी तरह संग्रहीत है। मैंने देखा कि यह कितनी आसानी से कटता या छीलता है। मैं प्रत्येक फल को सूंघता हूं। मैं रंग की जांच करता हूं। अगर फल के बारे में कुछ गलत लगता है, तो मैं उसे मुर्गियों को खिलाता हूं। मैं केवल उन फलों से बीज बचाता हूं जो हर तरह से मनभावन हैं।

मुझे अपने खाने में कैरोटीन का स्वाद बहुत पसंद है। अधिक कैरोटीन, बेहतर स्वाद। स्क्वैश में यह विशेषता विशेष रूप से ध्यान देने

योग्य है। साल दर साल, मेरा स्क्वैश गहरा नारंगी हो जाता है। मैं उन्हें हर साल थोड़ा और प्यार करता हूँ।

खाना बनाना

मुझे पका हुआ स्क्वैश खाना बहुत पसंद है। स्क्वैश की किसी भी प्रजाति को ग्रीष्मकालीन स्क्वैश के रूप में खाया जा सकता है, जबकि अपरिपक्व और कोमल। मेरा पसंदीदा क्रूकनेक है, क्योंकि यह कैरोटीन में उच्च है जो मुझे पसंद है। गरम पैन में, तेल के साथ भूनें। ब्राउन होने तक फ्राई करें। नमक और काली मिर्च के साथ स्वाद बढ़ाएं। मुझे समर स्क्वैश को उबालना या भाप देना पसंद नहीं है, क्योंकि वे गूदेदार हो जाते हैं, और यह मुझे परेशान करता है। मेरी माँ केक और कुकीज में कद्दूकस किया हुआ समर स्क्वैश मिलाती हैं। हम सर्दियों के दौरान उस उपयोग के लिए कद्दूकस किया हुआ स्क्वैश जमा करते हैं।

कटा हुआ लंबी गर्दन स्क्वैश

मैं इसी तरह से विंटर स्क्वैश पकाती हूं। आधा इंच (1 सेमी) मोटे स्लाइस में काटें। तेल में नरम होने तक तलें। लंबी गर्दन वाले बटरनट्स को इस तरह पकाने में मज़ा आता है, क्योंकि वे गोल डिस्क बनाते हैं। मैंने कोमल त्वचा के लिए लंबी गर्दन वाले बटरनट्स को चुना। यह आलू के छिलके के साथ आसानी से छीलने की अनुमति देता है, या नरम नाजुक खाल खाने की अनुमति देता है।

हम विंटर स्क्वैश को ओवन में 350° F (180° C) पर लगभग एक घंटे के लिए या टेंडर होने तक बेक करते हैं। हम उन्हें आधे फल के रूप में सेंकते हैं या फ्राइज़ में काटते हैं। अगर फ्राई के रूप में बेक किया जाता है, तो हम उन्हें पकाने से पहले तेल के साथ टॉस करते हैं।

कोई भी बचा हुआ कद्दू पाई भरने के रूप में उपयोग करने के लिए मैश किया और जमे हुए हो जाता है। मैं क्वार्ट जार में प्रेशर कैनिंग स्क्वैश द्वारा कद्दू पाई फिलिंग भी बनाता हूं। होम-बॉटल स्क्वैश सुनहरे रंग का

और हल्का स्वाद वाला होता है, जो मशीनों द्वारा उत्पादित भूरे रंग के ग्लॉप से बहुत अलग होता है।

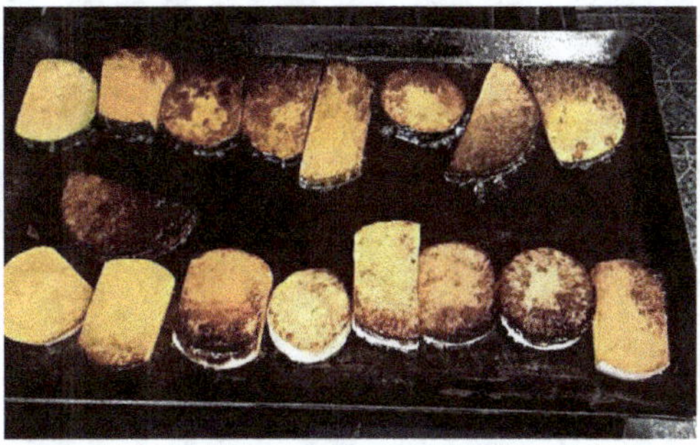

कई फल चखना

मैं गायन, नृत्य, आनंद और कृतज्ञता के साथ खाना बनाती हूं। मुझे लगता है कि इससे फर्क पड़ता है कि भोजन का स्वाद कैसा है। यह निश्चित रूप से भोजन के प्रति मेरे दृष्टिकोण में अंतर करता है। मैं अपना बेहतर ख्याल रखता हूं जब मुझे पता चलता है कि मैं जो खाना खाता हूं वह मेरी देखभाल और ध्यान से धन्य है।

16 अनाज

छोटे अनाज उगाने और भंडारण करने से सभ्यता सक्षम हुई। वे सरल औजारों और विधियों से उगाने और काटने में आसान होते हैं। उनकी विशाल उत्पादकता, उच्च कैलोरी और लंबे भंडारण ने खाद्य आपूर्ति के केंद्रीकरण की अनुमति दी। लोगों को साक्षरता, कला, विज्ञान, संगीत, खनन, निर्माण, निर्माण, वाणिज्य और राजनीति जैसी अन्य गतिविधियों के लिए सहयोजित किया जा सकता है।

अनाज की उच्च उत्पादकता आज भी जारी है, और केंद्रीकरण से मुक्ति के स्रोत के रूप में कार्य कर सकती है। अनाज अच्छे या बुरे के लिए शक्तिशाली होते हैं।

एक घंटे के मध्यम परिश्रम के लिए, मैं एक सप्ताह के लिए अपने आप को खिलाने के लिए पर्याप्त अनाज काट सकता हूं। इसे दूसरी तरह से देखें, तो एक साल का अनाज काटने के लिए मुझे केवल एक सप्ताह का श्रम खर्च करना पड़ता है। बढ़ते पौधों को रोपने और उनकी देखभाल करने में एक और सप्ताह लग सकता है। अनाज में विटामिन की मात्रा कम होती है। वे संतुलित पोषण प्रदान नहीं करते हैं।

अनाज उगाना

मैं खुद को खिलाने के लिए बढ़ता हूं। मैं एक कम–इनपुट प्रणाली चुनता हूं। मैं चाहता हूं कि अनाज कमर तक ऊंचा हो। मैं फसल काटने के लिए झुकना नहीं चाहता। लम्बे दानों से खरपतवार निकल जाते हैं, जिससे निराई–गुड़ाई करने वाले श्रम की बचत होती है। लोगों का कहना है कि लम्बे अनाज में रहने की संभावना अधिक होती है। मैं बंद पौधों से बीज नहीं काटता, इस प्रकार एंटी–लॉजिंग के लिए चयन करता हूं।

मैंने अपने वर्तमान क्षेत्र में ज़हर, शाकनाशी, उर्वरक, खाद, और न ही खाद को तब से लागू किया है जब से मैंने इसमें 12 सीज़न पहले उगाना शुरू किया था। मैं उन पौधों का चयन करता हूं जो मिट्टी, जलवायु, बीमारियों, कीटों और शिकारियों के बावजूद पनपते हैं। जब वे खाद वाले खेत में पहुँचते हैं, तो वे वास्तव में फलते–फूलते हैं। मैं नहीं चाहता कि मेरी कृषि प्रणाली दूर की बड़ी संस्थाओं पर निर्भर रहे।

मेरे पारिस्थितिकी तंत्र में, कैश वैली राई प्राकृतिक हो गई है। यह सड़क के किनारे, पहाड़ियों पर और अन्य गैर–घास वाले स्थानों पर उगता है। इसमें सिंचाई की आवश्यकता नहीं होती है। यह खुद को पतझड़ की बारिश, और सर्दी से बचे के साथ स्थापित करता है। यह बर्फ के नीचे बढ़ता है!

वसंत ऋतु में, यह मातम को उखाड़ फेंकता है। असिंचित क्षेत्रों में, यह 3–4 फीट (1 मीटर) लंबा होता है। सिंचित क्षेत्रों में, यह 6 फीट (2 मीटर) तक बढ़ता है। यह बिना जुताई वाली, स्व–रोपण फसल के रूप में बहुत अच्छा काम करता है। किसी को भी खिलाने के लिए पर्याप्त जंगली पैच हैं जो बीज काटना चाहते हैं।

क्या कमाल की फसल प्रणाली है। सर्दियों की बारिश फसल को नमी प्रदान करती है। यह खरपतवार के निष्क्रिय रहने पर उगने से खरपतवार के दबाव से बचा जाता है। मैं वसंत में पौधों को कई बार रेक करता हूं। रेकिंग अनाज को नुकसान पहुंचाए बिना, नाजुक वार्षिक खरपतवार अंकुरों को मार देती है।

ओट्स आमतौर पर मेरे घर में सर्दी मारते हैं। कुछ वर्षों में, कुछ जीवित रहते हैं। अन्य वर्षों में, वे सभी मर जाते हैं। ओट्स मेरे लिए मज़बूती से पतवार–रहित नहीं हैं। जिससे उन्हें खाने में परेशानी होती है। अभी के लिए, मैं आसान हलिंग पर ध्यान केंद्रित करता हूं। यदि यह हल हो जाता है, तो मैं शीतकालीन कठोरता के लिए चयन करने का प्रयास कर सकता हूं।

गेहूं की कई किस्में मेरे लिए मज़बूती से सर्दियों में। मेरे परदादा का गेहूँ असिंचित सर्दियों के गेहूँ के रूप में उगता था।

थोड़ी मात्रा में अनाज उगाते समय, यदि उन्हें व्यापक रूप से (1 फुट अलग, 0.3 मीटर) दूरी पर रखा जाता है, तो वे प्रति पौधे (350 बीज तक) कई टिलर पैदा करते हैं। तेजी से बीज–वृद्धि के लिए, मैं चौड़ी दूरी का उपयोग करता हूं।

कटाई

मैं छोटे अनाज की कटाई और सफाई के लिए जिन उपकरणों का उपयोग करता हूं, वे हैं मेरा शरीर, दस्ताने, जूते, बाईपास कैंची, एक टार्प, एक छड़ी और बाल्टी। इन वस्तुओं के प्रतिस्थापन या चूक के साथ अनाज की कटाई बहुत संभव है।

आसान थ्रेसिंग मेरे लिए महत्वपूर्ण है। मैं हाथ कतरनी से, और अपने पैरों से थ्रेसिंग करता हूं, या डंडे से पीटता हूं। क्योंकि मैं हाथ से फसल काटता हूं, मुझे समान परिपक्वता तिथियों की आवश्यकता नहीं है।

मैं गैर–बिखरने के लिए भारी चयन करता हूं, जिससे अनाज लंबे समय तक खेत में खड़ा रहता है। मैं प्रारंभिक परिपक्वता के लिए प्राथमिक चयन मानदंड के रूप में चयन करता हूं। लंबे समय तक पकने वाले अनाज में हवाओं, बारिश, बीमारी और शिकारियों के लिए खतरा अधिक होता है। मुझे आनुवंशिक विविधता पसंद है, क्योंकि एक कीट या एक बीमारी पूरे खेत को नहीं, बल्कि कुछ पौधों को ही खत्म कर देती है।

मैं जिस तकनीक का उपयोग करता हूं वह है पंक्ति में नीचे चलना, मुट्ठी भर अनाज पकड़ना, और इसे कैंची या ब्लेड से काटना। मैं बीज सिरों को टारप पर उछालता हूं। मैं उन पर ऊपर और नीचे कूदता हूं, या उन्हें डंडे से पीटता हूं। जब वे अच्छी तरह से थ्रेस्ड हो जाते हैं, तो मैं उन्हें एक बाल्टी से बाल्टी में, हवा में, अनाज के बीज को भूसे से अलग करने के लिए डालता हूं। इसे विनोइंग कहते हैं। मोटे छिलके का एक टुकड़ा या एक कोलंडर, विनोइंग से पहले छोटे बीजों से बड़े भूसे को अलग करने में मददगार हो सकता है। भूसी का अधिकांश भाग विनोइंग से पहले निकाला जा सकता है।

अनाज उगाते समय, मैं उन पौधों का चयन करता हूं जो कमर तक बढ़ते हैं, क्योंकि तब मैं आसानी से उन्हें खड़े होकरकुछ प्रकार के अनाज सिर को पकड़कर और सिर को डंठल से अलग करने के लिए झटक कर आसानी से काटा जाता है। मुझे दस्ताने और जूते पहनना पसंद है, क्योंकि भूसा त्वचा में छेद कर सकता है।

ब्रीडिंग

द रॉकी माउंटेन सीड एलायंस हेरिटेज ग्रेन ट्रायल की मेजबानी करता है। हम अनाज की ऐतिहासिक किस्मों को इकट्ठा कर रहे हैं, बढ़ा रहे हैं और उनका विस्तार कर रहे हैं। सीडकीपर, माली, किसान, रसोइया और बेकर परियोजना में सहयोग करते हैं। परियोजना में मेरी शुरुआती भूमिका कुछ चुटकी बीजों को कुछ कप तक बढ़ा रही थी। मैंने सफलतापूर्वक गेहूँ, जौ, राई और जई उगाए। मैं बाजरा के साथ असफल रहा। मुझे टूटे हुए जई पसंद नहीं थे, इसलिए मैंने उन्हें दूसरी बार उगाने के लिए स्वेच्छा से नहीं दिया।

कुछ वर्षों के बाद, मेरे खेत अनाज से लथपथ हो गए। मैं परियोजना के लिए और अधिक शुद्ध किस्में नहीं उगा सकता था। इसलिए, हमने स्वदेशी गेहूं और जौ के प्रजनन के लिए परियोजनाएं शुरू कीं। जब मैं परीक्षण कर रहा था और बीज की मात्रा बढ़ा रहा था, अन्य माली भी यही काम कर रहे थे। प्रोजेक्ट मैनेजर ली–एन हिल ने मुझे प्रत्येक प्रजाति की लगभग 16 किस्में भेजीं, जो रॉकी पर्वत में पनपने के लिए जानी जाती हैं। मैंने अपने परदादा के गेहूं सहित अपने कुछ पसंदीदा जोड़े।

शुष्क जलवायु में गेहूं और जौ का क्रॉस लगभग 10% होता है। नम जलवायु में क्रॉसिंग कम होती है। हमने क्रॉस–परागण को प्रोत्साहित करने के लिए किस्मों को एक साथ जोड़ दिया। जब वसंत लगाया गया तो दोनों आबादी बढ़ी।

ऑक्सिडेंटल आर्ट्स एंड इकोलॉजी ने भी गेहूं की लगभग 2000 किस्मों के वंशज बीज भेजे। मैंने उन्हें उसी खेत में, उसी दिन लगाया था। ऑक्सिडेंटल कैलिफोर्निया तट पर है। रॉकी पर्वत में, उच्च ऊंचाई पर, रेगिस्तान में बढ़ने के लिए बीज को अनुकूलित नहीं किया गया था। अधिकांश पौधे पिंडली की ऊंचाई पर फूलते हैं। मुझे यह पसंद नहीं था, क्योंकि मुझे फसल के लिए झुकना पसंद नहीं है। कुछ पौधे लंबे और जोरदार हो गए। मैंने उनसे बीज बचाया, और उन्हें हेरिटेज ग्रेन ट्रायल किस्मों के साथ एक सामान्य बीज लॉट में मिला दिया। ऑक्सीडेंटल

सीड ने कुल फसल में लगभग 15% का योगदान दिया। यह लगभग 60% बीज बोया गया था।

पाश्चात्य जनसंख्या विरासत अनाज परीक्षण जनसंख्या की तुलना में बहुत अधिक विविध थी। अधिकांश विविधता संरक्षित नहीं हो पाई, क्योंकि यह एक किसान के रूप में मेरी जरूरतों को पूरा नहीं करती थी। मैंने छोटे पौधों की कटाई नहीं की, न ही ऐसे पौधे जो देर से गिरने में परिपक्व हुए। कुछ पाश्चात्य पौधों को फूल आने से पहले सर्दी की आवश्यकता होती है। वे फूले नहीं।

मैंने अनाज परीक्षण के लिए बीज लौटा दिया। मैंने "रॉकी माउंटेन व्हीट" और "रॉकी माउंटेन जौ" के रूप में एक्सपेरिमेंटल फार्म नेटवर्क को गेहूं और जौ के ग्रीक्स भेजे। मैंने बेकर्स के साथ साझा किया।

मुझे गेहूं बहुत पसंद था। यह मजबूती से बढ़ा। पौधे लम्बे और बिना झुके कटाई में आसान थे।

जौ के पौधे छोटे थे। मैंने केवल सबसे ऊंचे पौधों से बीज एकत्र किए जो हवा या सिंचाई से नहीं गिरे। मैं चाहता हूं कि आबादी फसल के लिए आसान होने की दिशा में आगे बढ़े।

मैंने बीज फिर से लगाए। थोक में दिखाई देने वाले नए फेनोटाइप्स और सहोदर समूह रोपण में दिखाई देने वाले ऑफ–टाइप द्वारा संकेत के अनुसार कुछ संकर दिखाई दिए। मैंने फिर से बीज एकत्र किए, और उन्हें अनाज परीक्षणों के लिए लौटा दिया, और प्रायोगिक फार्म नेटवर्क के साथ साझा किया।

चूंकि मेरे बगीचे में गेहूं और जौ रोते हैं, मैं अनजाने में सर्दियों की कठोरता के लिए चुनता हूं। यह संभावना है कि मैं बढ़ती हुई बहन–रेखाओं को एक वसंत–रोपित आबादी और एक गिरती हुई आबादी में विभाजित कर दूंगा। मैं जंगली भूमि को पतझड़ में बोई गई आबादी के साथ बो सकता हूं, और उन्हें खुद की रक्षा करने की अनुमति दे सकता हूं। मेरे समुदाय में वर्तमान में गेहूं जंगली नहीं है। यदि पर्याप्त विविधता का रोपण किया जाता है, तो कुछ जंगली हो सकता है।

मैं "शीतकालीन गेहूं" शब्द का उपयोग यह इंगित करने के लिए करता हूं कि मैंने गिरावट में बीज लगाए, और वे सर्दी से बच गए। मैं "वसंत गेहूं"

शब्द का उपयोग यह इंगित करने के लिए करता हूं कि मैंने वसंत में बीज लगाए हैं। कुछ अनाजों को फूल आने से पहले द्रुतशीतन की आवश्यकता होती है। शुरुआती वसंत में रोपण आवश्यक ठंडक प्रदान कर सकता है।

कुछ किस्में विशेष रूप से शीतकालीन गेहूं या विशेष रूप से वसंत गेहूं हो सकती हैं। मेरे द्वारा उगाई जाने वाली अधिकांश किस्मों को किसी भी तरह से लगाया जा सकता है। मैं जौ को वसंत–रोपित फसल के रूप में सोचता हूं।

गेहूं का आनुवंशिकी जटिल है। मैंने हर तरह से एक साथ जंबल किया। वे इसे आपस में हल कर सकते हैं।

कुछ किस्में दूसरों की तुलना में बहुत अधिक फैलने वाली होती हैं। मैंने देखा कि अधिक फैलने वाली किस्मों के पंख भूसी के बाहर थे। समय के साथ, अनाज उगाने की स्वदेशी शैली उच्च आउटक्रॉसिंग दरों के लिए चयन करने की प्रवृत्ति होगी।

बारहमासी अनाज

मैं बारहमासी गेहूं और बारहमासी राई के छोटे पैच उगाता हूं। लोककथाओं का कहना है कि वे जंगली घास के साथ संकर प्रजातियों के रूप में उत्पन्न हुए थे। पर्माकल्चर का आकर्षण यह है कि आप एक बार पौधे लगा सकते हैं और फिर से मिट्टी को परेशान नहीं कर सकते। इन प्रजातियों के साथ मेरा प्रारंभिक लक्ष्य सर्दियों की कठोरता के लिए चयन करना था। मैं वर्तमान में थ्रेसिंग में आसानी के लिए चयन कर रहा हूं। मुझे अपना मूल बीज स्टॉक जेसन पैडवोरैक से प्राप्त हुआ। उन्होंने लिखा:

> कई पहाड़ी लोग जंगली उगने वाले बारहमासी अनाज इकट्ठा करते हैं और उनकी देखभाल करते हैं। जो कोई भी बारहमासी अनाज के बारे में सीखना चाहता है, उसे स्थानीय स्वदेशी लोगों के साथ काम करने वाले अनाज और वे इसे कैसे करते हैं, इस पर गौर करना अच्छा होगा।

कुछ बारहमासी अनाजों का उत्पादक जीवनकाल बहुत कम होता है और शुरुआती व्यावसायिक उत्पादन में हर दो या तीन साल में जुताई की जाती है। एक और कारण यह है कि वे ऐसा करते हैं क्योंकि खेत घास के मैदान का पारिस्थितिकी तंत्र बनने लगता है और बारहमासी अनाज प्राथमिक पौधा बनना बंद कर देता है, और वे प्रति एकड़ अधिक उपज चाहते हैं। कुछ का जीवनकाल लंबा होता है, लेकिन वे बिना किसी प्रकार के प्रबंधन या गड़बड़ी के खुद को घुट सकते हैं। यह प्रबंधन के लिए एक बड़ा अंतर बनाता है, और हम वास्तव में किस हद तक "एक बार पौधे लगा सकते हैं और मिट्टी को परेशान नहीं कर सकते।"

यदि हम नियमित रूप से गड़बड़ी के बिना बारहमासी अनाज उगाना चाहते हैं, तो हमें घास के मैदान की पारिस्थितिकी की नकल करनी होगी। प्राकृतिक घास के मैदानों में घास और कांटे का मिश्रण होता है जो कुछ प्राकृतिक संतुलन पाएंगे। यह सुनिश्चित करने के लिए कि शेष में अनाज का एक उच्च प्रतिशत शामिल है जिसे हम उगाना चाहते हैं, इसके लिए भाग्य, स्थानीय विशेषज्ञता और कुशल प्रबंधन के संयोजन की आवश्यकता होती है। भाग्य के अच्छे सौदे के बिना, इसके लिए बहुत अधिक विशेषज्ञता और कौशल की आवश्यकता होगी।

समय के साथ, मूल माता-पिता मर जाएंगे, और नए बारहमासी अनाज वाले बच्चों को स्थापित होने की आवश्यकता होगी। जब तक कोई भाग्यशाली न हो, खेत में बारहमासी अनाज का उच्च प्रतिशत रखने के लिए उनकी स्थापना की आदतों का सावधानीपूर्वक निरीक्षण आवश्यक है।

उस भूमि पर जो जंगल में विकसित होना चाहती है, कम से कम खेत की घास काटनी चाहिए, जलाना चाहिए, या हर साल चराई करनी चाहिए ताकि लकड़ी और पेड़ों को नीचे रखा जा सके। किसी भी भूमि पर, छप्पर को कम से कम मिट्टी में मिलाना चाहिए ताकि पोषक तत्व चक्रित हो सकें और सूखा छप्पर नई वृद्धि को रोक न सके।

बड़ी तस्वीर में, अगर हम ऐसी फसल लगाना चाहते हैं जो हमें कई सालों तक सिर्फ भोजन देगी, तो एक पेड़ लगाओ। अगर हम हर दो साल में बिना जुताई के बारहमासी अनाज उगाना चाहते हैं, तो हम वास्तव में जो उगा रहे हैं वह एक घास के मैदान का पारिस्थितिकी तंत्र है। एक पारिस्थितिकी तंत्र एक फसल नहीं है, यह एक परिष्कृत जीवित इकाई है। यह पारिस्थितिकी तंत्र के स्तर पर भोजन की देखभाल करने लायक है, लेकिन हमें विनम्र होना चाहिए और अपनी सीमाओं को समझना चाहिए, और एक पारिस्थितिकी तंत्र से एक मोनोकल्चर क्षेत्र की तरह कार्य करने की अपेक्षा नहीं करनी चाहिए।

प्रजनन के संदर्भ में, यदि हम एक प्राकृतिक पारिस्थितिकी तंत्र की स्थापना में बारहमासी अनाज उगा रहे हैं, तो वे जीवित रहने के लिए *अपने* मानदंडों को पूरा करने के लिए स्व–बीजारोपण होंगे, न कि उत्पादकता या फसल की आसानी के लिए हमारे मानदंड। वे स्वाभाविक रूप से जंगली और कम पालतू हो जाएंगे, और आम तौर पर अधिक से अधिक जंगली दिखेंगे। उन परिस्थितियों को नियंत्रित करने के लिए खेत का प्रबंधन करके जिनके तहत रोपाई स्थापित हो सकती है (बाढ़, बुवाई, आवधिक पट्टी जुताई, निराई, पशुधन चराई, रौंदना, या जो भी हो) हम

चयनित बीज बो सकते हैं और अपनी पसंद के आनुवंशिकी को बढ़ावा देना जारी रख सकते हैं।

अनाज पकाना

अनाज में पोषक तत्वों के कारण, लोगों के स्वास्थ्य और कल्याण को नुकसान हुआ जब समाज शिकारी/संग्रहकर्ता से अनाज आधारित कृषि में बदल गया। सभ्य लोगों में नई–नई बीमारियाँ और व्याधियाँ सामने आईं। अनाज पर निर्भर रहने वाली सभ्यताओं और परिवारों में प्रचलित मोटापे, कुपोषण, और चयापचय संबंधी विकारों को देखकर आज प्रभाव ध्यान देने योग्य हैं। खाना पकाने के पारंपरिक तरीके (खट्टा, साबुत अनाज, अंकुरित), पोषक तत्वों को कम करते हैं और विटामिन बढ़ाते हैं। वे समय और श्रम लेते हैं जिसे औद्योगिक खाद्य प्रणाली खर्च करने को तैयार नहीं है।

बहुत से लोग हाल ही में विकसित अनाज की किस्मों और कटाई तकनीकों के लिए निम्न स्तर की एलर्जी से पीड़ित हैं। ये अनाज और विधियों के साथ कम बार होते हैं जो आमतौर पर 60 साल से अधिक पहले उपयोग किए जाते थे।

डेकर फाइव सीड – क्रम्ब ब्रदर्स आर्टिसन ब्रेड

एंटी–पोषक तत्वों को कम करने के सर्वोत्तम तरीकों में उबालने से पहले भिगोए, अंकुरित और/या किण्वित किए गए साबुत बीज खाना और खाना पकाने के पानी को फेंक देना शामिल है। पारंपरिक खट्टे खाना पकाने की प्रक्रिया एक धीमी प्रक्रिया है, जिससे पोषक तत्वों के टूटने के लिए समय मिलता है।

मुझे अज्ञात ग्लॉप्स खाना पसंद नहीं है। मुझे नहीं पता कि फ़ैक्टरी बेकर्स ब्रेड, केक, कुकीज या पुडिंग में क्या मिलाते हैं।

मेरा मानना है कि अगर हम अज्ञात खाद्य पदार्थ जैसे पदार्थ खाना बंद कर दें तो लोगों के स्वास्थ्य में नाटकीय रूप से सुधार होगा। मुझे खाद्य पदार्थ खाना पसंद नहीं है जब तक कि मैं उन्हें देखकर नहीं बता सकता कि वे किस प्रजाति के हैं।

17 हर चीज की स्थानीय किस्में

जैव विविधता के माध्यम से खाद्य सुरक्षा के सिद्धांत, जो इस पुस्तक का फोकस हैं, प्राकृतिक दुनिया के हर हिस्से पर लागू होते हैं। मेरा मानना है कि उन्हें उन जानवरों पर लागू किया जाना चाहिए जिन्हें हम अपने घरों और खेतों में रखते हैं। इस अध्याय में, मैं मुर्गियों, मधुमक्खियों, मशरूम और पेड़ों पर चर्चा करूँगा।

जानवरों की तुलना में पौधों की उच्च आबादी को बनाए रखना आसान है। पौधों की तुलना में पशु इनब्रीडिंग डिप्रेशन से अधिक प्रभावित होते हैं, अतिरिक्त देखभाल की आवश्यकता होती है। उच्च जनसंख्या आकार को बनाए रखने के लिए, व्यक्तियों की तुलना में समुदायों द्वारा जानवरों की स्थानीय किस्मों का प्रजनन अधिक आसानी से किया जाता है।

पशु प्रजनन के साथ एक और बारीकियां यह है कि मैं पौधों की तुलना में, कुत्सित लक्षणों के आधार पर अधिक चुनता हूं।

नस्ल को बनाए रखने के लिए जो इनब्रीडिंग होती है, उसके परिणामस्वरूप अनुमानित बीमारियां होती हैं।

मुझे मिश्रित नस्ल के खेत के जानवर पसंद हैं, क्योंकि उनकी अतिरिक्त लचीलापन है। जंगली बिल्लियाँ और मिश्रित नस्ल के कुत्ते मुझे खुश करते हैं।

चिकन के

की विरासत नस्लें अत्यधिक जन्मजात होती हैं। लोग अपनी विरासत नस्लों से प्यार करते हैं, और यह सुनिश्चित करने के लिए बहुत अधिक समय तक जाते हैं कि इनब्रीडिंग जारी रहे। मैंने कुछ नस्लों को एकल प्रजनन जोड़ी के रूप में बनाए रखने की रिपोर्ट पढ़ी है!

विरासत नस्ल संरक्षण एक किस्म का एक और उदाहरण है जिसे बहुत पहले, दूर के खेत में पनपने के लिए चुना गया था। आधुनिक परिस्थितियों और प्रत्येक कॉप में स्थानीय पारिस्थितिकी तंत्र नस्ल की उत्पत्ति के समय और जहां भी थे, उससे अलग हैं।

आनुवंशिक रूप से विविध मुर्गियां स्थानीय परिस्थितियों के लिए अधिक आसानी से अनुकूल हो जाती हैं: मौसम, एक विशेष कॉप, किसान और समुदाय की आदतें।

मैं उन किसानों को जानता हूं जो मिश्रित नस्ल के मुर्गियों के बड़े झुंड रखते हैं, जिन्हें अपनी मर्जी से अंतः प्रजनन की अनुमति है। उनके झुंड ठीक रहते हैं। मुझे लगता है कि यह आंशिक रूप से इसलिए है क्योंकि वे बड़े झुंड रखते हैं, और वे झुंड में बड़ी संख्या में मुर्गे रखते हैं।

झुंड में इनब्रीडिंग डिप्रेशन से बचने का ऐतिहासिक तरीका है कि आप अपने घर में केवल मुर्गियों को पालें और फिर कहीं और से असंबंधित रोस्टरों को लाएं। असंबंधित का अर्थ है तीन या अधिक पीढ़ियों से अलग होना।

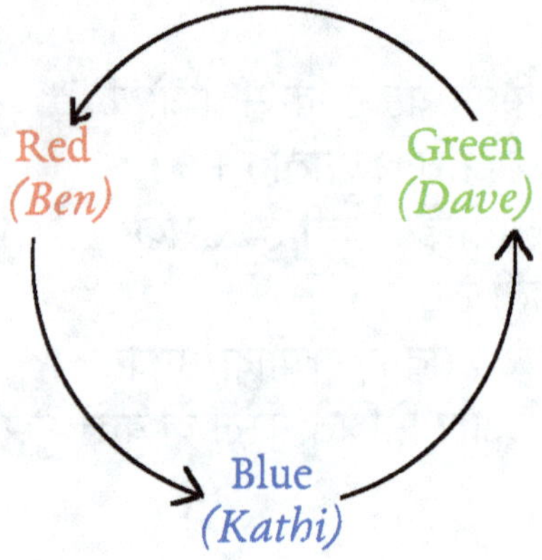

सर्पिल प्रजनन:
नर चूजे नए झुंड में चले जाते हैं

परंपरागत रूप से, इस विधि को सर्पिल प्रजनन के रूप में जाना जाता है। यह मैंतो एनएमेड सर्पिल क्योंकि नर चूजे झुंड से झुंड में चले जाते हैं, उन्हें करीबी रिश्तेदारों के साथ संभोग करने से रोकते हैं।

सर्पिल प्रजनन में मुर्गियों के तीन या अधिक झुंडों को बनाए रखना शामिल है। अपनी माँ के झुंड में कोई नर नहीं रहता। युवा रोस्टर सर्पिल में अगले झुंड में चले जाते हैं। रोटेशन का क्रम हमेशा समान होता है। उदाहरण के लिए लाल झुंड → नीला झुंड। नीला झुंड → हरा झुंड। हरा झुंड → लाल झुंड। यह तीन पीढ़ियों की अंतर्ग्रहण दूरी बनाए रखता है।

प्रत्येक पीढ़ी में पर्याप्त मुर्गे रखें ताकि यदि कोई अप्रत्याशित रूप से मर जाए, तो सर्पिल जारी रह सके। एक मुर्गा जो वर्षों तक झुंड के साथ रहता है, छोटे मुर्गे की तुलना में झुंड के आनुवंशिकी पर अधिक प्रभाव

डालता है। छोटे मुर्गे तेजी से अनुकूलन में योगदान करते हैं। पुराने मुर्गे स्थिरता जोड़ते हैं।

सरलता के लिए, कई घरों में मुर्गियों के तीन या अधिक झुंडों के साथ सर्पिल प्रजनन सबसे अच्छा किया जाता है। बेन अपने मुर्गे के चूजे काठी को देता है। वह उसे डेव को देती है। डेव उसे बेन को देता है। हमेशा उसी क्रम में। फिर कोई रिकॉर्ड रखने या वंशावली की आवश्यकता नहीं है।

सर्पिल प्रजनन भी एक ही घर पर किया जा सकता है, जब वे छोटे होते हैं तो प्रत्येक पक्षी पर रंगीन बैंड लगाकर। उन्हें वर्ष के अधिकांश समय मिश्रित झुंड के रूप में रखा जा सकता है, केवल संभोग के मौसम की अवधि के लिए अलग किया जा सकता है। मैं एक गृहस्वामी को जानता हूं जो यह याद करके सर्पिल प्रजनन करता है कि कौन से पक्षी किस झुंड के हैं।

आनुवंशिक विविधता में वृद्धि करते हुए स्थानीय अनुकूलन को संरक्षित करने के लिए, मैं अनुशंसा करता हूं कि दस में से एक या दो मुर्गियां हर साल सर्पिल के बाहर से आयात की जाने वाली एक नई नस्ल हों। कोई भी यादृच्छिक नस्ल ठीक है, क्योंकिकोई नहीं बता रहा है कि कौन जीन का योगदान देगा जो झुंड की दीर्घकालिक व्यवहार्यता के लिए फायदेमंद होगा।

यदि आप वास्तव में ऐसे पड़ोसी नहीं ढूंढ सकते हैं जो आनुवंशिक रूप से विविध मुर्गियों के बारे में आपकी दृष्टि साझा करते हैं, तो सर्पिल प्रजनन विषय पर भिन्नता है। केवल अपनी मुर्गियाँ रखो। संभोग के मौसम से पहले प्रत्येक वसंत, अपने सभी रोस्टरों से छुटकारा पाएं, और यादृच्छिक नस्लों से रोस्टर लाएं जो पहले आपके खेत में नहीं थे। यह मुर्गियों के स्थानीय अनुकूलन को बनाए रखता है, और लगातार रोस्टरों से नई विविधता ला रहा है।

संस्कृति मुर्गी की जीवित रहने की क्षमता का एक महत्वपूर्ण हिस्सा है। उनके लिए उत्तरजीविता कौशल सीखने का सबसे अच्छा तरीका उनकी मां और झुंड के अन्य सदस्यों से है। मैं अत्यधिक अनुशंसा करता

हूं कि स्थानीय रूप से अनुकूलित चिकन ब्रूडी मुर्गियों के साथ आत्मनिर्भर हो, न कि रोबोटिक हैचिंग मशीनों द्वारा।

कई आधुनिक और विरासत नस्लों ने ब्रूडिंग के लिए वृत्ति खो दी है। मुर्गियों के स्थानीय रूप से अनुकूलित एक मजबूत रूप से संपन्न झुंड को विकसित करने में ब्रूडनेस का चयन करना शामिल हो सकता है।

मधुमक्खियाँ

अमेरिका में लगभग 70% मधुमक्खियाँ प्रत्येक वसंत में कैलिफोर्निया में बादाम के बागों में ले जाती हैं। देश के बाकी हिस्सों में प्रवास करने से पहले मधुमक्खियां एक दूसरे के साथ कीटों और बीमारियों का आदान-प्रदान करती हैं। बागों का पारिस्थितिकी तंत्र नंगी गंदगी है। पारिस्थितिकी तंत्र मधुमक्खियों को बहुत कम लाभ प्रदान करता है। अगले वसंत तक, 40% कॉलोनियां मर चुकी हैं।

मेरी घाटी में, मधुमक्खी पालकों की तैयारी की परवाह किए बिना, वर्तमान सर्दियों में मधुमक्खियों की मृत्यु दर लगभग 100% है। वसंत ऋतु में, मधुमक्खियों को गैर-स्थानीय रूप से अनुकूलित मधुमक्खियों द्वारा प्रतिस्थापित किया जाता है जो अभी-अभी कैलिफोर्निया से वापस आई हैं। रोग और कीट पनप रहे हैं। मधुमक्खियां जीवित रहने के लिए रसायनों पर निर्भर हैं। उनमें स्थानीय अनुकूलन का अभाव है। उनके पास सर्दी से बचने की बहुत कम संभावना है।

Industrialized beekeeping

मेरे परदादा और पिता मधुमक्खी पालक थे, प्रवेश के आकार को कम करने के

अलावा, सर्दियों की तैयारी के बिना स्थानीय रूप से अनुकूलित मधुमक्खियों को रखते थे। जंगली मधुमक्खियां आसपास की पहाड़ियों और परित्यक्त इमारतों में चट्टानों के निर्माण में रहती थीं। स्थानीय लोगों ने जंगली मधुमक्खियों को मारने के लिए इसे अपने ऊपर ले लिया, यह दावा करते हुए कि वे एक जैव–खतरा थे।

स्थानीय खाद्य सुरक्षा के लिए, मेरी घाटी को स्थानीय रूप से अनुकूलित मधुमक्खियों को वापस लाना चाहिए, दोनों प्रबंधित और जंगली। मैं इस बारे में कुछ विचार प्रस्तुत करने जा रहा हूं कि मुझे क्या लगता है कि एक सर्वोत्तम अभ्यास विकास परियोजना कैसी दिख सकती है।

परियोजना उपचार मुक्त होनी चाहिए। कोई रासायनिक उपचार नहीं। कोई एंटीबायोटिक्स नहीं। कोई घुन उपचार नहीं। उपचार–मुक्त प्रणाली चलाकर, कीट, रोग और मधुमक्खियां स्थिर संबंधों में प्रवेश कर सकती हैं।

मधुमक्खियों को यादृच्छिक पैटर्न में प्राकृतिक छत्ते का निर्माण करना चाहिए। व्यावसायिक रूप से उपलब्ध नींव में एक अप्राकृतिक कोशिका आकार होता है। जब मधुमक्खियां औद्योगीकृत कंघी से निकलती हैं, तो वे अपने जीव विज्ञान के लिए अनुपयुक्त आकार की हो जाती हैं। सीधी कंघी छत्ता के उचित ताप और शीतलन में बाधा डालती है।

मधुशाला की अवधारणा को समाप्त किया जाना चाहिए। मधुमक्खियों और बीमारियों के बहाव को कम करने के लिए, कॉलोनियों को कम से कम 80 गज (73 मीटर) की दूरी पर रखें, जिसमें प्रवेश द्वार तिरछा हो, और प्रत्येक कॉलोनी पर अलग–अलग ज्यामितीय पैटर्न चित्रित हों।

यदि संभव हो तो, परियोजना को ऐसे क्षेत्र में करें जो कैलिफोर्निया के ड्रोनों द्वारा नहीं बहाया गया हो। शायद उन लोगों को स्थानीय रूप से अनुकूलित मधुमक्खियों की पेशकश करें जिनकी मधुमक्खियां सर्दी मारती हैं। इस तरह, प्राप्तकर्ता प्रोजेक्ट–अनुकूलित ड्रोन को मेटिंग पूल में योगदान देंगे।

सभी प्राकृतिक प्रणालियों की तरह, मधुमक्खियां अपने साथ काम करने के लिए जो कुछ भी करना चाहती हैं, उसके अनुकूल होंगी। हमारा

डिज़ाइन किया गया सिस्टम जितना करीब उनकी प्राकृतिक स्थिति से मेल खा सकता है, उतनी ही आसानी से वे अनुकूलित हो जाते हैं। अत्यधिक अनुशंसा करता हूं संरक्षण मधुमक्खी पालन के 12 सिद्धांतों की जो कि व्हाट बीज़ वांट से उपलब्ध है।

स्थानीय मधुमक्खी निरीक्षक और रासायनिक मधुमक्खी पालकों को यह सिखाने के लिए एक शिक्षा घटक की आवश्यकता होगी कि स्थानीय रूप से अनुकूलित मधुमक्खियां जैव-खतरा नहीं हैं।

परियोजना को समय-समय पर मधुमक्खियों के आनुवंशिक रूप से भिन्न उपभेदों का आयात करना चाहिए, खासकर यदि वे अन्य परियोजनाओं से हैं जो उपचार-मुक्त, स्थानीय रूप से अनुकूलित आबादी के विकास पर काम कर रहे हैं।

एक मधुमक्खी प्रजनन परियोजना, किसी भी अन्य से अधिक जिसकी मैंने इस पुस्तक में चर्चा की है, एक संपूर्ण-समुदाय परियोजना है। लोगों को जंगली उपनिवेशों को महत्व देने और उन्हें उच्च सम्मान में रखने के लिए प्रोत्साहित करने के लिए सामुदायिक पहुंच महत्वपूर्ण हो सकती है।

मशरूम मशरूम

की संभोग प्रणाली रहस्यमयी लगती है। वे स्थानीय किस्मों के साथ बागवानी के लिए अच्छी प्रतिक्रिया देते हैं। मैं जंगली और दुकान से मशरूम इकट्ठा करता हूं। मैं उन्हें पानी वाली प्यूरी में मिलाता हूं। मैं समाधान को उपयुक्त आवासों पर डंप करता हूं। फिर ठंडे मौसम में बारिश के बाद, मैं पौधों की जांच करता हूं। एक बार स्थापित होने के बाद, एक मशरूम पैच कई वर्षों तक फल सकता है।

मैं जो मशरूम उगाता हूं वे एक जीवित पारिस्थितिकी तंत्र में बाहर होते हैं। वे प्राकृतिक दुनिया में पनपते हैं।

मोरेल मशरूम कॉटनवुड, पॉपलर और एस्पेन के साथ मिलकर उगते हैं। अगर मैं उन्हें लकड़ी के चिप्स पर लगाता हूं, तो मैं उन पेड़ों की प्रजातियों का उपयोग करना पसंद करता हूं।

मुझे आमतौर पर सीप मशरूम पेड़ की जड़ों से उगते हुए मिलते हैं। जब मैं उन्हें जानबूझकर रोपता हूं, तो मैं आंशिक रूप से लॉग को दफन करके उस पारिस्थितिकी तंत्र की नकल करता हूं। यहाँ बहुत सूखा है। लॉग को दफनाने से उन्हें नम रखने में मदद मिलती है।

किसी भी प्रजाति की तरह, आप जो चुनते हैं वह आपको मिलता है, और प्रजातियां परिस्थितियों के अनुकूल होती हैं जैसे वे हैं। आपके पास पर्यावरण में जितनी अधिक विविधता है, उतना ही अधिक स्थानीय अनुकूलन संभव है।

पेड़

पेड़ एक दीर्घकालिक प्रजनन परियोजना है, शायद बहु–पीढ़ी। पेड़ों का प्रजनन करते समय, मैं खुश–भाग्यशाली दृष्टिकोण अपनाता हूं। रोपाई के परिपक्व होने से पहले, भूमि के बदले हुए मालिक होने की संभावना है। शायद कई बार। मैं ज्यादा से ज्यादा पौधे रोपता हूं। एक या दो दशक बाद, जब पेड़ों में बीज लग रहे हैं, तो मैं जमीन की रखवाली करने वाले के दरवाजे पर दस्तक देता हूं और बीज मांगता हूं।

मैं किसान बाजार में पेड़ के पौधे बेचता हूं। मैं शायद नहीं जानता कि वे कहाँ जाते हैं। वर्षों बाद, मैं उन्हें शहर के चारों ओर बढ़ते हुए पा सकता हूँ।

मैं जंगल में पेड़ के बीज और पौधे रोपता हूं। उनमें से कुछ स्थापित हो जाते हैं।

महान माता–पिता की संतानें महान होती हैं। जब मैं बीज से पेड़ उगाता हूं तो मुझे नए जहर या शैतान नहीं मिलते। आमतौर पर संतानें अपने माता–पिता के समान होती हैं।

सेब

मेरे समुदाय ने 160 साल पहले स्थापित होने पर सिंचाई के लिए खाई खोदी थी। मजदूरों ने अपने दोपहर के भोजन के सेबों के बीजों को नहर के पास दफना दिया। सेब के पेड़ अभी भी नहर के किनारे उगते हैं। सेब ज्यादातर छोटे फल वाले होते हैं, जिनमें पीली खाल होती है। स्वाद तीखा और चमकीला होता है। हर पेड़ अलग–अलग स्वाद वाले फल

पैदा करता है। मुझे ऐसा कोई नहीं मिला जो कड़वा या अखाद्य हो। वे कीट–पतंगों को कूटने से परेशान नहीं होते हैं। जंगली सेब के पेड़ पूरे घाटी के तटवर्ती इलाकों में उगते हैं।

अखरोट

मेरी अखरोट प्रजनन परियोजना उस कार्य को आगे बढ़ा रही है जिसे लेस शांडू ने शुरू किया था। कई दशक पहले उनका निधन हो गया। उन्होंने दो पीढ़ियों के पेड़ उगाए। मैंने सर्दियों की कठोरता के लिए तीसरी पीढ़ी को भारी रूप से चुना। मैंने अंकुरों को 900 फीट (0.27 किमी) ऊंचाई पर ले जाया। विस्तारित रेंज कार्पेथियन अखरोट को एक ऐसी घाटी में विकसित करने की अनुमति देती है जो व्यावसायिक रूप से उपलब्ध क्लोन के विश्वसनीय उत्पादन के लिए बहुत ठंडी है।

तीसरी पीढ़ी ने नट्स का उत्पादन शुरू कर दिया है। एक पेड़ में मीठे जायफल होते हैं, अखरोट में कड़वाहट के बिना मुझे नापसंद है। हम शहर के चारों ओर चौथी पीढ़ी के पौधे रोप रहे हैं।

खुबानी

मेरे पारिस्थितिकी तंत्र में बिना सिंचाई के जंगली उगते हैं। जब मेरे डैडी छोटे थे तो एक सूखी पहाड़ी पर खूबानी खाते थे। गड्ढे पीछे रह गए। सत्तर साल बाद, एक अंकुर उपवन बन गया है। खुबानी के पौधे तीन से पांच साल में फल देते हैं। एक व्यक्ति अपने जीवनकाल में कई पीढ़ियों के विकास की आशा कर सकता है।

मैं खुबानी के पौधों की एक पंक्ति उगाता हूं। माता–पिता में से एक मीठा और नाजुक होता है। यदि उठाया जाता है, तो इसे हाथ से मुंह तक जाना पड़ता है, क्योंकि इसमें शिपिंग गुणों की कमी होती है। यह आश्चर्यजनक रूप से पुराने जमाने का स्वाद है। मुझे आशा है कि इसकी कुछ संतानों का स्वाद उतना ही अच्छा होगा।

नस की स्थानीय किस्में

चुकंदर की स्थानीय किस्म

Lofthouse Gardens
Locally Grown for Generations

बाद

में मैंने अपने विचार प्रस्तुत किए कि कैसे आनुवंशिक रूप से विविध, क्रॉस परागण, स्थानीय किस्मों के साथ बागवानी स्थानीय भोजन और बीज उत्पादन को मजबूत करती है। मैंने साझा किया कि स्थानीय अनुकूलन, आनुवंशिक विविधता और पार–परागण के कारण मेरे खेत में खाद्य सुरक्षा में सुधार हुआ है।

मैंने संक्षेप में बताया कि हम जहां हैं वहां कैसे पहुंचे। मेरा ध्यान बुरे लोगों पर गुस्सा करने पर नहीं है। मेरा इरादा उन प्रणालियों का निर्माण करना है जिन्हें हम अपने जीवन में पसंद करते हैं। बाकी दुनिया अपने चुने हुए सिस्टम में रह सकती है।

इस पुस्तक के पहले मसौदे में "समुदाय" नामक एक अध्याय था। इस विचार को पूरी किताब में फैलाने के पक्ष में इसे हटा दिया गया था। स्थानीय किस्मों के साथ बागवानी स्थानीय समुदायों के फलने–फूलने के बारे में है क्योंकि यह पौधों के बारे में है।

मैंने विरासत को शुद्ध और अलग–थलग रखने के तनाव से बाहर निकलने का एक तरीका प्रस्तुत किया। मैंने नोट किया कि यदि वे क्रॉस–परागण और आनुवंशिक रूप से विविध हैं तो आबादी अधिक मजबूत होती है। मैंने रिकॉर्ड कीपिंग को कम करने या समाप्त करने का सुझाव दिया।

मैंने उन फसलों का उदाहरण दिया जिन पर मैंने काम किया है। मैंने टिप्पणी की कि ध्यान देने से फसलें नई और रोमांचक दिशाओं में विचरण कर सकती हैं। चयन नई कृषि पद्धतियों के लिए नई किस्मों का निर्माण कर सकता है।

मैंने ब्यूटीफुलली प्रोमिससियस एंड टेस्टी टोमैटो प्रोजेक्ट के बारे में अपने जुनून को साझा किया। मुझे आशा है कि आप में से कुछ लोग स्व–असंगत टमाटरों की एक मजबूत आबादी बनाने में मेरे साथ शामिल होंगे।

मैंने चल रहे प्रजनन कार्य के लिए संभावित प्रजातियों को नोट किया। मैंने लगभग कुछ दर्जन प्रजातियां लिखीं। मैंने सौ पर काम किया है। अन्य

पारिस्थितिक तंत्रों में और जंगली इलाकों में हजारों और हैं। स्थानीय रूप से अनुकूलित, आनुवंशिक रूप से विविध किस्मों के साथ बागवानी के सिद्धांत, किसी भी पारिस्थितिकी तंत्र और किसी भी पौधे या पशु आबादी पर लागू होते हैं। हम जो चुनते हैं वह हमें मिलता है, भले ही वह अनजाने में हो। आनुवंशिक रूप से विविध, पार–परागण करने वाली आबादी बदलती परिस्थितियों के अनुकूल होती है। यह एक अधिक विश्वसनीय खाद्य सुरक्षा की ओर ले जाता है।

शुरुआत उतनी ही आसान हो सकती है, जितनी दो किस्मों के कुछ पौधों को एक साथ उगाना, फिर बीजों को बचाना और फिर से लगाना। स्वदेशी बागवानी के अनुकूल होने के लिए आप किस प्रजाति को प्रेरित महसूस करते हैं?

अनुबंध

स्थानीय किस्मों को विकसित करने में आसानी

यह तालिका विभिन्न प्रजातियों का उपयोग करके स्थानीय किस्मों को बनाने की कठिनाई के प्रति मेरे दृष्टिकोण को सारांशित करती है।[1] वार्षिक प्रजातियां जो अत्यधिक फैलने वाली होती हैं, वे सबसे तेज़ी से स्थानीय रूप से अनुकूलित किस्मों में परिवर्तित हो जाती हैं। बड़े फूल स्वतंत्र संकर बनाना आसान बनाते

फसल	पार परागण दर	फ्रीलांस हाइब्रिड	F1 संकर से बचें [2]
	बहुत आसान		
फवा बीन	~30%	हाँ	
बीन, धावक	~35%	हाँ	
मकई	उच्च	आसान	
ककड़ी	~70%	आसान	
खरबूजे	उच्च	आसान	
पालक	100%	आसान	
स्क्वैश	उच्च	आसान	
	आसान		
शतावरी	100%	आसान	

1 गैर–सूचीबद्ध प्रजातियों के लिए, आप फूलों को देखकर लैंड्रेस बागवानी में रूपांतरण की आसानी का अनुमान लगा सकते हैं। यदि वे वार्षिक हैं जो बहुत सारे परागणकों को आकर्षित करते हैं, या यदि वे पराग के पवन फैलाव का उपयोग करते हैं, तो वे पैमाने के आसान छोर पर हैं।

2 वाणिज्यिक संकर अक्सर साइटोप्लाज्मिक नर बाँझपन का उपयोग करके बनाए जाते हैं।

फसल	पार परागण दर	फ्रीलांस हाइब्रिड	F1 संकर से बचें
जौ	~10%		
गोभी, काले, ब्रोकोली	100%	हाँ[3]	हाँ
बैंगन	~10%	हाँ	
भिंडी	~10%	हाँ	
काली मिर्च	~10%	हाँ	
मूली	~85%		हाँ
सूरजमुखी	~50%		हाँ
टमाटरिलो	100%	हाँ	
टमाटर खुले फूलों के साथ	~30%	हाँ	
आत्म असंगत टमाटर	100%	आसान	
गेहूं	~10%		
कठोर [4]			
चुकंदर	उच्च		हाँ
गाजर	उच्च		हाँ
प्याज	उच्च		हाँ
पार्सनिप	~30%		हाँ
आलू		हाँ	
रुतबागा	~20%		हाँ

3 चूंकि यह प्रजाति स्व–असंगत है, इसलिए प्रत्येक किस्म के एक पौधे को पार करने के लिए स्वतंत्र संकर आसान होते हैं।

4 मैं द्विवार्षिक जड़ फसलों को कठोर के रूप में वर्गीकृत करता हूं, क्योंकि ओवरविन्टरिंग जड़ों की कठिनाई होती है।

फसल	पार परागण दर	फ्रीलांस हाइब्रिड	F1 संकर से बचें
शकरकंद	100%		
घरेलू टमाटर [5]	~3%	हाँ	
शलजम	100%		हाँ
बहुत कठोर [6]			
बीन, सामान्य	0.5–5%	हाँ	
बीन, गारबानो	low	हाँ	
लहसुन			
लेट्यूस	~3%		हाँ
मटर	0.5%	हाँ	
सनरूट [7]	100%		

5 मैं सीमित आनुवंशिक विविधता और बंद फूलों के कारण घरेलू टमाटर को कठिन मानता हूं।

6 मैंने कम पार–परागण दर वाली प्रजातियों को बहुत कठिन श्रेणी में रखा है।

7 मैं जेरूसलम आर्टिचोक को बहुत कठिन कहता हूं, क्योंकि वे वीडी हैं।

त्वरित सारांश

स्थानीय किस्म (लैंड्रेस)

- स्थानीय रूप से अनुकूलित
- आनुवंशिक रूप से विविध
- पर–परागण
- समुदाय उन्मुख

पादप प्रजनन का भव्य रहस्य

- पौधे बीज बनाते हैं
- संतान अपने माता–पिता और दादा–दादी के समान होती है
- कभी–कभी एक विशेषता एक पीढ़ी को छोड़ देती है

स्थानीय किस्म बनाना

- हिरलूम और खुले परागण वाली किस्मों को वरीयता
- मास क्रॉस या वृद्धिशील परिवर्तन
- अनेक से अनेक परागण
- योग्यतम की उत्तरजीविता
- मर रहे पौधों को बचाने की कोशिश न करें
- स्थानीय किस्मों का प्रयोग करें

स्वदेशी किस्म को बनाए रखना

- समुदाय, समुदाय, समुदाय
- नए आनुवंशिकी जोड़ें
- पुराने आनुवंशिकी रखें
- बड़ी आबादी को तरजीह दें
- उदारता से चुनें
- क्रॉस–परागण को प्राथमिकता दें

बीज एकत्र करना

सूखे बीज

- ताड़ना
- स्क्रीन
- फटकना

गीला बीज

- विक्षोभ
- कुल्ला
- सूखा
- फटकना

बीज भंडारण

- ठंडा
- अंधेरा
- सूखा
- Secure सुरक्षित

बगीचे में खुशी मनाएं

- आलिंगन
- गायन
- नृत्य
- कहानी कहने
- समुदाय
- ड्रम सर्कल
- नंगे पैर चलना
- रोपण और फसल के लिए पार्टियां
- अद्भुत ताज़ा स्वादों का स्वाद लेना
- निराई करते समय वर्षों बाद खोजने के लिए सुंदर पत्थरों को छिपाएं

लेखक के बारे में

जोसेफ लोफहाउस ने छठी पीढ़ी के परिवार के खेत में अपने दादा और पिता से बीज रखना सीखा।

नैतिक दुविधाओं के कारण पिघलने से पहले उन्होंने एक रसायनज्ञ के रूप में काम किया। उन्होंने अपने गृह गांव में खेती पर लौटने से पहले, गरीबी की शपथ लेते हुए एक मठ में शरण मांगी।

उन्होंने तीन साल तक बाजार में सब्जियां उगाईं फिर बीज रखने, स्वदेशी किस्म के विकास, बोलने और लिखने के लिए संक्रमण किया।

पर लेखक से संपर्क करें http://Lofthouse.com । कृपया अपने पसंदीदा सोशल मीडिया या शॉपिंग साइट्स पर समीक्षाएं पोस्ट करें।

www.ingramcontent.com/pod-product-compliance
Lightning Source LLC
Chambersburg PA
CBHW071833080526
44589CB00012B/999
* 9 7 8 1 7 3 7 3 2 5 0 4 8 *